美食之心

15位亚洲女主厨的料理智慧

苏丽雅 编著

广东旅游出版社
悦读书·悦旅行·悦享人生
·广州·

图书在版编目（CIP）数据

美食之心：15位亚洲女主厨的料理智慧 / 苏丽雅编著 . -- 广州：广东旅游出版社，2024. 8. -- ISBN 978-7-5570-3369-9

Ⅰ . TS971.203-49

中国国家版本馆 CIP 数据核字第 2024XK6243 号

出 版 人：刘志松
策划编辑：彭　超
责任编辑：宁紫含　于洁泳
封面设计：
内文设计：
责任校对：李瑞苑
责任技编：冼志良

美食之心：15 位亚洲女主厨的料理智慧
MEISHI ZHIXIN：15 WEI YAZHOU NÜZHUCHU DE LIAOLI ZHIHUI

广东旅游出版社出版发行
（广东省广州市荔湾区沙面北街 71 号首层、二层）
邮编：510130
电话：020-87347732（总编室）　020-87348887（销售热线）
投稿邮箱：2026542779@qq.com
印刷：广州今人彩色印刷有限公司
地址：广州市番禺区大石街会江石南二路 9 号 4 号楼 102-202
开本：889 毫米 ×1194 毫米 32 开
字数：190 千字
印张：7.5
版次：2025 年 1 月第 1 版
印次：2025 年 1 月第 1 次
定价：98.00 元

［版权所有　侵权必究］
本书如有错页倒装等质量问题，请直接与印刷厂联系换书。

目 录
CONTENTS

刘韵棋：寻找中西合璧料理的根源……………………………… 001

Pam：讲述曼谷唐人街的旧与新 ……………………………… 017

赵恩熙：宫廷、贵族与寺庙料理的兼容并蓄………………… 037

Cheryl：甜点，越简单越不简单 ……………………………… 055

庄司夏子：料理与时尚的天作之合…………………………… 071

Garima：现代印度料理………………………………………… 079

赵希淑："韩国料理教母"的传统与现代料理………………… 093

杨媛婷：蔬菜入甜点…………………………………………… 104

Louisa：以现代法甜为肌理，在东西文化中寻找和谐 …… 119

谭绮文：重塑中餐美学………………………………………… 135

黎俞君：让人感动的法式料理温度…………………………… 161

尹莲：中式甜点为本的蔬食甜点……………………………… 175

冬妮：甜点的共情，是回应风土给予的浪漫………………… 191

赖思莹：探索甜点的多变之美………………………………… 211

Keiko：雪国料理的智慧 ……………………………………… 223

刘韵棋：
寻找中西合璧料理的根源

从 2012 年 TATE Dining Room 开业至今，
老板兼主厨刘韵棋（Vicky Lau）虽常年低调，
但与她相关的动态不胫而走；
每一次的消息，都有着里程碑的意义，
比如 2021 年餐厅由米其林一星晋升到二星，
她成为亚洲首位获得米其林二星餐厅的女主厨。

社交媒体年代，带动了明星主厨的崛起。单从 Instagram 上看，动辄拥有上万、几十万粉丝的主厨，比比皆是。他们中有的是享誉国际的名厨，有的是在线上表现很活跃的主厨。因为线上的人气会为其个人和餐厅带来持续的关注度和影响力，所以很多主厨也乐于分享。

相对而言，一些在社交平台不活跃的主厨，被关注度可能会低一些。但有时候，关注度高低与其影响力和名誉大小，不一定成正比。反倒使我深信一点是，如果主厨是低调不张扬的个性，其社交平台也像是荒废已久的自留地，尽管这样依然能获得业内顶级的荣誉和食客的认可，那么他们在料理创作上必然有过人的天赋和功力。

刘韵棋就是其中一位，即使她在 Instagram 上的粉丝众多，但她极少更新帖子。她坦言，自己并不是一个习惯把个人生活展现在公众面前的人，所以很少更新。还有一点就是，她不希望用"女性"这个身份，去装点和强调自己，反而想通过自己身体力行去做一些真实的事情和贡献，来让人们知道自己。

◆ 中西合璧 ◆

任凭全球业界发生什么，TATE 的定位——中西合璧，始终如一。一直在进步的 TATE，既展现了主厨刘韵棋对中西文化的探索，也流露出她的性格和气质。关于她的料理，还得从她入行说起。

从开餐厅的角度上说，刘韵棋是幸运的。从巴黎蓝带厨艺学校（Le Cordon Bleu）曼谷毕业后，只是短暂地在香港米其林餐厅 Cépage 跟随名厨 Sebastien Lepinoy 学习，就自立门户创立了 TATE。可是，从经历上看，可以说她是欠缺的。创办一家属于自己的餐厅，这是很多厨师的梦想，但他们大部分都是从 10 多岁就入行，然后先后师从三四位名厨，最后才实现各自的价值。然而，刘韵棋走的是小部

分名厨会选的路,也就是所谓的"半路出家":纽约大学毕业后,在广告设计行业从事平面设计工作,但由于无法放弃对烹饪的爱,于是辞职进入厨艺学校,正式开启厨师生涯。

  TATE 开业初期,刘韵棋需要花费更多的精力和心思去正视自己的短板,也就是要找到自己的料理风格。刚开始的两年时间,她会尽可能去尝试很多不同的东西,然后结合自身擅长的地方,比如诠释食物背后的故事、餐盘艺术,进行创作,但始终没有做到自己认为的极致。近几年,应该是三年前左右,她慢慢整理出自己的风格,专注磨炼烹饪技术,特别是酱汁。当酱汁被公认为是法餐的灵魂,她发现酱汁是表达个人性格最要紧的元素。因为酱汁千变万化,所以它是最能表达厨师的自我的。她举例,同样是煮带子,即使是想到用 10 种方法去煮,也只有 10 种,但如果往里加入酱汁,那么灵魂就立刻显现。

  酱汁以外,歌颂食材是刘韵棋现在埋头研究的事情。我想对于每一位厨师来说,食材都几乎代表了一切,他们想尽办法去展现食材的美。其中,让她痴迷的是一材多用。过去很长一段时间,她陷

入了一个僵局,就是当她欣喜若狂地想要把食材表现得淋漓尽致时,却发现只通过创作一道料理,是无法满足她的好奇心与期待的。虽很清楚这一点,但也没遇到合适的契机,直到两年前 TATE 迁址后,她们首次推出午餐拉开了歌颂食材的序幕。每一个套餐,都围绕一个食材来展开,比如蘑菇,她会从市场上把 50 多种不同品种的蘑菇都买回来,然后对每一种蘑菇进行深入研究,最后会用很多种方法去演绎。

刘韵棋的每一道出品,从食材的选择、色彩的搭配,到摆盘的呈现,看着就很美且有艺术感,以至于大家认为她把艺术放进了料理创作里。然而,这不是她的初衷,而是她觉得当自己把每一道出品递给客人时,就像是自己把精心准备的礼物送出去,当把礼物"拆开",对方感受到的是体贴和细心。而对于完美细节,以及美好体验有近乎偏执的追求,本来就是高级餐饮(Fine Dining)的目标,也是客人的期待。当然,她承认不是所有餐厅都需要这么做,只是她对自己餐厅的要求。即使是同一个套餐,都会时不时做一些小小的转变,有时会转换桌布的颜色,有时会更换装饰和盘子的摆设,有时也会用自己种的草和蘑菇来布置一个森林的场景。

甚至,她会相信这样的做法也能推动文化的发展,以中餐为例,过去很长时间里,业界很少像西餐那样严抠细节,但如果再往更早期看,像宫廷菜,就会知道它很早就有这种要求,只是随着时代变迁,中餐本身降低了自己的要求。如今它才重新被重视起来。

　　对每个细节都十分考究的刘韵棋,在创作上到底有没有让她觉得最出彩的地方?她认为目前有三个方面:第一就是她创作力特别旺盛,脑子有很多的想法,所以新菜对她来说,从不曾是个难题。相对而言,这一点可能不是很多厨师能做到的,因为他们的创意性比较低,导致他们更多时候会追随传统。第二就是能保证每一个套餐都表现出极佳的流畅性,从开胃小吃到甜品,每一道都能衔接得很好。第三就是酱汁,正如前面所说,这是表现她性格很重要的部分,一个套餐下来,每一道出品,包括甜点,她都会配上酱汁。

　　在三方面的基础上,我觉得还有一个核心点——中西交融。如她所言，她的每一道创作，不管是从食材，还是烹调方法，都涵盖了东西方的元素。她常会想，中、西式料理的根源分别在哪里。为了解答自己的疑问，近些年她不断去学习广东和潮州的饮食文化，同时也会研究旧式的法国料理。

◆ Mora，中国饮食文化新尝试 ◆

2022年初，Mora正式开业。这家以大豆为主题、兼并中西文化的餐厅，是刘韵棋对中国饮食文化的新探索。这个新的餐饮项目，分成两个部分。第一部分是可持续文化，主要是想传承中国两千多年的豆腐文化，形式是通过大豆，来演绎豆腐不同的质感。选择大豆，一是出于中国的豆腐文化已经有超过两千年历史了，而且由于水涨船高的店铺租金，或者是经受不住快速变化的市场需求，香港当地有不少的百年豆腐老店倒闭；二是因为现在人造肉的逐渐流行，其实中国历史上很早就出现了用豆腐去代替肉类食品的做法，不仅让更多的人消费得起，而且也更健康和环保。第二部分是豆浆。团队刚把豆浆基地建起来了，接下来会更多用豆浆为灵感进行饮食创作，比如甜点。

与TATE一样，Mora的选址也是在上环。前者是临街位置，共两层；后者位于摩罗庙街，沿街几乎都是古董铺，也没有车经过。之所以会选择在古董铺林立的旧街巷，是因为刘韵棋想通过Mora来传递一个信息：保留古老的文化很重要。因为她看到，现在整条街改变了很多，一边是有新店不断冒出，一边是一批批老店先后关闭，为此她觉得有点可惜。她和其他很多香港市民一样，认为这条街虽然看着很老旧，但承载了典型的香港文化。

TATE与Mora都有Food for Thought的理念，TATE主要讲烹饪和艺术，而Mora更多想表达的是，它并不是主张人人成为蔬食拥护者,但鼓励大家逐渐减少对肉类的依赖,即使荤菜的占比不大,但你依然可以用餐愉快,再者你可以从 Mora 的料理汲取灵感,然后带到你日常的饮食中。

◆ 新中餐 ◆

在大中华区,刘韵棋算是早期运用西式烹饪艺术和中餐进行深度融合的名厨,比当下才流行起来的"新中餐"(Modern Chinese Cuisine)提早了超过五年的时间。虽然她的理念并不是"新中餐",但两者有重叠的地方,最直接的表现就是中西合璧。因为目前阶段,在国内的"新中餐"表现出一个共性:通常这些年轻厨师曾受过顶尖西式厨房的专业训练,运用西方创意的料理技法,结合自身的成长文化背景,尝试在横跨东西方文化中重新演绎多元风土的美食语言,还有自己的人生视野。他们拒绝被浅显地归类为融合菜,更希望被认可成一种具备先锋、现代气质的料理。

尽管两者的理念存在差异,但对于"新中餐"的崛起,刘韵棋认为是很好的事情。想更好地理解这股力量,首先要认识"现代"的含义。她从艺术的世界去解读,当你走进一个现代艺术博物馆,通常会感受到很多抽象和具象的发散性思维,其中可能包含了各种不同年代的思想,总之就是无界限,而关于当中想传达的,以及最终的意义,就显得很轻了。同样,当创作的主题从现代艺术转变成现代料理,道理是相通的,它并不主张定格在特定的框架。

很多人会问她,TATE 到底是西餐还是中餐?这个非 A 即 B 的问题,她有 C 的回答。源远流长的食物历史文化固然需要尊重,但她尊重也鼓励新想法的加入。她继续举例,如果是一家蔬菜餐厅,那也不一定誓要把它局限在中式和西式,事实上可以创作出独一无二的风格。换句话说,如果想正确认识餐厅和它的料理出品,关键是

要理解它传递出来的信息（Core Message）。

　　到底是什么原因造成前面非中即西的问题，刘韵棋列出了几点。中国有很悠远的饮食文化，但很多年都没有变过，其中一个原因是中国各个地区几乎都有自己强大的饮食系统，虽能很好地保留传统文化，但劣势是难免禁锢了厨师求变的念头。比如说，粤菜师傅，很多都不会去学习潮州菜了，这样的思维一代传一代，渐渐就失去了演变的能力。不是说保护传统不好，以日本京都为例，它跟全球很多国家、城市的文化都是不同的，例如巴黎，它是一个输送"新鲜感"的目的地，但京都有一种允许"时间静止"的迷人，无论怎样，它们每年都吸引着无数人前往。回到我们自身，更多是处于一个"向外求"的阶段，一个明显的特征，就是受到全球化的影响，厨师有机会及时吸收全球最新颖、最好的想法，然后变成自己的创作，无形中也推动着料理文化的进步。因为我们是不能停的，如果现在我们只为了保留料理传统努力，是不会有进步的。所以像"新中餐"的出现，是很好的事情。

从全球料理演变历程来看，过去几十年里，先后出现了现代法式料理（Nouvelle Cuisine）、分子料理（Molecular Gastronomy）、新北欧料理（New Nordic Cuisine），那么日渐受关注的"新中餐"有机会登上世界版图吗？刘韵棋给了一个肯定的答案。理由是她看到近年来出现了很多的厨师真人秀，还有奖项，这让行业的士气得到提升，同时让更多的年轻人加入厨师行业。他们去过很多不同的国家，接触到各种不同的文化，很自然就会把想法注入自己的"新中餐"中。另一方面，从正统的中餐来看，传统多以单点形式为主，而菜单里可能有超过200种菜式，所以很难保证每道菜的稳定性。不过，现在有越来越多的中餐厅也像西餐厅一样，推出了精选套单（Tasting Menu），大大提升了稳定性，以及推动了中餐的发展。

◆ 鼓励女性 ◆

在过去十多年的时间里，亚洲女厨师的数量、受关注和尊重的程度均得到了史无前例的上升。抛开其他原因，奖项是其中一个很重要的激励载体。最为人所知的是《米其林指南》，尽管它没有专门开设与女厨师相关的独立奖项，它在对餐厅进行评选时，评审的对象是餐厅，而非厨师。从侧面上讲，它为女性厨师和创业者创造了机会，也就是说，只要符合标准，由女性掌舵的餐厅同样可以傲立群雄。

另一股颇具影响力的力量来自世界 50 佳餐厅榜单，他们设立了"世界最佳女厨师奖"，后分区（亚洲、拉丁美洲、中东）。随着世界 50 佳餐厅榜单的公信度增加，带动了女性厨师的崛起，更准确来讲，是女性厨师被"看见"了。

2012 年，由刘韵棋创办兼担任主厨的 TATE Dining Room 开业，不到一年时间，餐厅就获得了米其林一星餐厅的荣誉。这种荣誉，其实不止是在香港，它在亚洲范围内都是数一数二的典型。即使到了现在，它依然很具代表性。2015 年，她成为"亚洲最佳女厨师奖"的获得者，再到 2021 年，餐厅从保持了九年的一星餐厅晋升到二星餐厅。

可以说，在这一段亚洲女性厨师从萌芽到逐渐发展的历程中，刘韵棋主厨贯穿其中，于是"懵懵懂懂"地成了公众的榜样。其实刚入行时的她，从未曾想到要去影响什么，更别说是女性同行，后来因为有荣誉的加持,她就会被问到很多与女性相关的问题,这让她自己也开始思考。虽然好像是由于外力的驱使,是一种被动的选择,但或许这只是唤醒了她未被打开的想法。这样互力作用,总是好的。

她的团队有过半都是女性,我问她是顺其自然的,还是她主动的选择。她说并不是自己主观的决定,而是有很多女性会主动"敲门"来找她。因为她们觉得,有些(可能对女士没有那么尊重的)厨房,不是特别适合她们自己,所以她们想要找到能让她们发挥的地方。对于她来说,她是不管男性还是女性,只要能在工作中把事情做好,就可以。

"但你问我有没有偏心?其实是有的。外面很多人都说我们女权的意识强一些,我自己也同意的。"刘韵棋敢于承认,并不是借女权为名,而是实实在在地想做些力所能及的改变,找个平衡点。

"女性需要被鼓励,有时是由于她们缺乏被社会鼓励去与男士进行平等对话。在工作中,如果男士喊女士去做事情,或者就某事指责女士,这些事被认为是正常的,因为他们在日常生活中也会这么做;有些女士,可能她们以前是读女校,抑或在重男轻女的家庭环境中成长,那么她们就更容易把男性的需求置于自己之上,比如:她不会叫自己的哥哥给她倒一杯水。而我想为她们创造一些机会,鼓励她们去尝试去表达。有时我会跟同事说,我希望你担任一名管理者的角色,你先去大胆尝试下,想办法看看怎样才能做得更好。

"很多时候,如果我不去鼓励她,她就不会有这种想法,也不敢去想。每年年底要做工作评价的时候,男士都会问我,是否可以加工资,但女士基本都不会问。有时我也会问她们,为什么不叫我为你加工资啊?我问她们原因,她们有的会回答我,因为她们和家人住在一起,所以对经济的要求并没有那么注重,她们更多的心态是追随着兴趣去工作。但是,我会跟她们说,你都已经做到这个职位了,薪资待遇是应该要问的。所以,当我认识到这样的差别,那我就想在其中寻找一个平衡点。

"进一步说,我其实认为不管是男士,还是女士,都需要得到这样的鼓励。在亚洲文化语境下,'内敛'成了一种共识和文化,这导致了多数人很难勇敢表达自我诉求,尤其是女士(在工作中)。但是,很多时候如果没有及时说出来,那么问题可能会永远存在。"

尽管无法断定是由于社会分工,还是自然规律的选择,女性、厨房与食物,都是一个个或温暖、或残酷的故事。刘韵棋认为,餐饮业是关乎人的行业,而人情味是其中很重要的纽带。在餐厅厨房的工作,常常一站就是好几个小时,其间也没有坐下来休息的机会,而且厨房空间也有限,所以人与人的间距拉得很近,你肩贴她肩的情况是很普遍的,那么很经常出现的现象是,女性本能就会组成一个紧密的团队,找到让自己舒服的位置,也会用自带母爱的情感和方法去照顾整个团队。

刘韵棋的团队文化,是业内出了名的温和。那种长期以来被诟病的暴躁厨房文化,在 TATE 和 Mora 都几乎不会出现。除了出于自己的温润性格,她始终相信,责骂并不能解决问题,应该努力去营造舒服的工作氛围,树立平等的价值观。她会提醒同事,如果有些伙伴做得不好,也不可以随意责骂,但可以在她旁边轻拍她的肩膀,然后耐心地把事情说明白。有时即使吵架在所难免,也可以就在当天下班前,大家喝杯啤酒或者彼此沟通一下,尽量不要把不愉快带到第二天的工作里。

刘韵棋对别人的影响,有不动声色的善良。这和她做事的风格如出一辙,从不夸夸其谈,却能沉下心去做事,以及用心去对待身边人。她说自己刚入行时,从没有想过要成为公众榜样,更别说去影响女性。后来因为自己是女性厨师,所以会被问及很多相关的问题,于是也无法避免进行思考。"您觉得自己是怎样影响身边的女性呢?"我问。"我觉得是一种想做就做的心态吧,比如说,除了餐厅的日常运营,我们还会做一些外烩服务,以及和不同的品牌进行合作。我会鼓励大家,大胆去做。"

大多数时候,因为关注点多放在主厨的身份,于是掩盖了刘韵棋作为餐饮经营者的角色。抛开行业限制,纯粹是从女性领袖的角度来讲,随着女性教育水平、独立能力和地位的提升,出现了越来越多的女性领袖,但由于女性在很多方面处于劣势,比如口头表达能力,因此很容易出现很多类似自我冲突的难题,为此刘韵棋的理解是:如果单是从女性出发,是不足够的。因为很多时候,女性不敢多说的原因是,有"人"阻止她们去说,那些"人",其实是男性,所以其实要着手进行改变的是男性。

❖ 食物短缺 ❖

新冠疫情自爆发以来,为香港高级餐饮业,包括餐厅和食客,都带来一些明显的转变。疫情发生之前,高级西餐厅的客流有一部分是外国游客,所以当时会考虑到他们的需求,但过去两年多来,游客占比非常少,相反本地客人成为主体,于是也变成了餐厅的关注点。他们不仅在口味上多做思考,而且因为全球食材供应链受阻,所以提高了对本地食材的尊重和认知。至于中餐厅,他们加快了精致化的步伐。

从食客方面来看,他们想要更多真实的料理。意思是说,他们的期待不再停留在表面,比如摆盘,而是餐厅心怀的信念,优质的食材,还有创作时所付出的功夫和心思。

为了适应因疫情带来的变化,TATE 也做出了很多的努力。午餐的推出是其中一点,从以前没有,到现在每隔两三个月更新一次,而且围绕一个食材展开的套餐,让团队加深了对食材的研究,通过这种形式，团队想告诉食客，食材的重要性。除了食材，刘韵棋的另一着眼点是风味。她发现，很多人都在寻找一种鲜味，所以她在创作时也会想得更多，也会想办法把鲜味加入创作，让出品变得更为立体。

在中国香港及亚洲地区，因疫情带动起的本地食材风潮，被普遍认为是可持续餐桌的一大进步。这个在欧美国家备受关注的议题，经过了十多年的发展，目前几乎已经成为一种共识。相对而言，在亚洲地区的力量一直处于萌芽状态，直到这次的疫情，它已经不是一个趋势，而是转变成一个现实，一个长远的目标。现在只是一个开始，往前却很有挑战，因为它是一个系统，需要多方的配合，并不只是靠厨师找好的食材就能实现，哪怕是食材，也得保证有运作完整顺畅的供应链。而且，如果餐厅要打造一个比较可持续的厨房，那么需要考量的细节就更多了，例如，塑料盒和保鲜盒都需要用由环保材质制作的产品进行替代，本地食材也需找到和进口食材品质相近的才可以。

可持续餐桌与慢食（Slow Food），是常被误解为有如出一辙的意味，而事实上是两个不同的概念。慢食运动诞生于 20 世纪 80 年代，当时麦当劳准备进驻意大利罗马，但是遭到民众的强烈反对，其中最有影响力的力量是由共和党成员 Carlo Petrini 发起，旨在反对工业化食物，同时积极推崇自然、健康与生物多样性的饮食。在本国得到强有力的响应后，迅速向全球蔓延，到了 1989 年，来自 15 个国家的倡议者齐聚巴黎，签署了国际慢食运动（Slow Food International）的宣言，目标是鼓励保护当地的烹饪艺术和传统，最终目标是形成一个可持续发展的系统。

可持续餐桌在欧美国家流行起来的时间，比慢食要晚一点。较早引起大规模关注的，要数由全球名厨 René Redzepi 于 2011 年发起的 MAD（MAD 是丹麦语，意思是食物），现在它已经发展为一个致力于提升、改革现行饮食系统的非政府机构，通过与主厨、餐厅、餐饮从业人员、美食爱好者进行交流，分享可持续餐桌相关的前沿信息和知识，从而帮助他们去做出有利于可持续发展餐桌、有利于人类生存环境的改变。每年它都会举办美食论坛，聚集全球各地的主厨、餐厅经营者与美食作家，共同讨论食物的未来。2019年，MAD还成立了教育学院（MAD Academy），通过开设教育课程，让更多的人能学习专业而系统的知识，从而为提升食物系统做贡献。

2019年3月，MAD正式宣布建立一个名为Gastro-Akademi的教育中心，这个由丹麦环境和食品部门参与投资380万美元（人民币约2800万元）的机构，主要是向厨师传授如何让餐厅变得更具有人文关怀、富有责任感，且更具可持续发展的能力。作为MAD的延伸，该中心对可持续餐桌的关注范围也随之延展到全球气候变化、猖獗的食物浪费、地区性的饮食文化歧视等。

为了鼓励更多顶级餐厅参与，世界50佳餐厅榜单与倡导食物可持续发展的国际公认组织可持续餐饮协会The Sustainable Restaurant Association（SRA）合作，于2013年共同设立了"可持续发展餐厅奖"。每年，SRA会从食材的来源、对生态环境的影响、对社会的贡献等方面进行评估，最后从世界50佳餐厅榜单（包括排名50—100位的餐厅）里选出最符合可持续发展的一家餐厅，之前曾获得此奖项的餐厅有Azurmendi、Relae、Septime、Schloss Schauenstein、Haoma。

同年，美国餐饮协会发布了一份名为 *Restaurant Industry 2030：Actionable Insights for the Future* 的报告，在提到可持续餐桌时，其表示它将不仅是一种趋势运动，也成为餐厅及其主厨的责任，更是会改变我们的饮食方式、居住环境、商业模式等。它发展的速度比现在会快得多，而且那些具备创新精神的餐厅，将会为可持续发展带来更多有价值的方法。另外，报告指出，可持续餐桌将会涉及餐厅的方方面面，包括厨房的运作效率、水电等资源的使用、餐厅的设计、从农场到餐桌的供应链等。

不管是可持续餐桌，还是慢食，都是刘韵棋的着力点。不过，相比当下越来越受追捧的前者，她认为大家（延伸至整个亚洲地区）对后者更有需要。理由是她发现现代人，尤其是年轻一代，由于常食用含有化学物质的食品，还有即食食品，比如方便面、酸辣汤之类，他们的味蕾已经发生了很大的改变，而且结果可能导致对天然食品缺乏敏感度。而主张自然、新鲜、风土的慢食则是改善不健康饮食习惯，甚至有益身心健康的途径。

刘韵棋在 2022 年初加入了名叫乐饷社 Feeding Hong Kong 的公益组织，它帮助企业和组织处理能食用的剩食，捐赠给需要食物的慈善组织，再由慈善组织把食物分发至有需要的人手上。由于受到疫情的影响，很多人（不只是长者，而且包括年轻人）失业，无法支撑自己的生活，所以要靠救济物资，那乐饷社就想办法去帮助他们解决吃饭难的问题。现在面对一个挑战是，物资数量也在大量减少，以前航空公司是一个很主要的供应商，各航空公司很愿意把没有消耗完的食物全部捐给乐饷社，但由于疫情的阻断，乐饷社统计有大约七成的食物是消失了；其他企业像美心和百佳，也是供应主力，但也是因为现在超市经常呈现一个清空状态，因此也降低了捐赠的数量和次数。物资的紧缺，为乐饷社带来了不少压力，于是团队成员合力试图去扩大物资的渠道。此外，刘韵棋也曾与香格里拉酒店合作，共同开发饭盒。

由于疫情影响，食物紧缺的问题凸显出来，但即使不是疫情的突袭，也受到其他因素干扰，包括政治、人口、种植方法，全球出现食物短缺问题已有蛛丝马迹，继而影响食物供销链。我们每天触摸食材，都感受到食材质量已经发生了很大的变化。

Pam：
讲述曼谷唐人街的旧与新

开业不到一年就摘下 2023 年度曼谷米其林一星餐厅荣誉，
成为泰国本土最年轻的米其林餐厅女性主厨，
但获得曼谷米其林年度开幕餐厅奖项，却让她更感激动。
生长于一个泰中联婚家庭里，因为来自中国的妈妈热爱烹饪，
主厨 Pam Pichaya Utharntharm（简称 Pam）形成了泰中料理的记忆和感情。
从美国厨艺学校毕业回到曼谷后，从私厨开始到 POTONG 餐厅，
她致力于革新泰中料理（Progressive Thai-Chinese）。
2024 年，获得亚洲最佳女厨师奖。

2022年12月的曼谷，雨季刚过，每日的天气虽依旧炎热，但灼热感已退去，空气中透出一丝清朗微凉。泰国政府早前就已解除了因新冠疫情对旅客入境的限制，独属于曼谷那股热气腾腾的曼谷烟火气，回来了。

在曼谷这座似乎处处皆有景致的城市，唐人街（China Town）应该是最受欢迎目的地之一。因为曼谷的唐人街，被公认为是全球最大的唐人街；而曼谷这座城市本身，就栖居着全球数量最多的华人族群。曼谷唐人街的历史，得追溯到18世纪。当时曼谷的华人族群，主要来自福建和潮汕地区，前者移居至曼谷的时间更早一些，后者是从18世纪20年代开始，才开始大规模的迁移，到了中期，两个族群均已经能在曼谷立足，且相互竞争。

让潮州族群处于优势地位的契机，出现在18世纪60年代后期。1767年大城王朝（Ayutthaya Kingdom）在缅甸之战中被攻陷，由达信（又称郑信）执政的吞武里王朝（Thonburi Kingdom）的政权正式上台，为了尽快建立和发展其实力，达信向与他有种族关系的潮州商人求助，为他在吞武里地区建立的新首都提供大米及其他供应品。作为回报，泰王达信回赠送了很多礼物，包括位于湄南河东岸、皇宫对面的地块。凭借着天时地利人和之势，潮州族群日益繁荣。

然而，潮州族群的命运，又再随着政权的变动而被改变。达信上台后推行的苛政，导致了其亲信昭披耶却克里（Chao Phya Chakri）于1782年发动政变，他把达信处死后，建立拉达那哥欣王国（Rattanakosin Kingdom），改名为拉马一世（Rama I），并把都城迁到了湄南河东岸。由于那里有潮州族群的聚集区，他们是前朝统治者的拥护者，而作为本身亲福建族群的当权者，拉马一世下令把他们迁移至位于湄南河东岸的东南，位于市中心下游的三聘（Sampheng）地区，那里是一片未经开荒的沼泽地，此次迁移也代表了曼谷唐人街的成立。

移民数量的不断增长，加上商业的繁荣，进入19世纪后，唐人街发展极为迅速，尤其是泰国暹罗政府与英国政府于1855年签署了《鲍林条约》（又称《英暹条约》），实现了国际贸易自由化，大大推动了唐人街商人在进出口业务的发展，所以到了20世纪之初，唐人街已经发展成为曼谷主要的商业中心。

可惜，它也逃不过盛衰有时的常态。随着曼谷对城市的扩张和延伸发展，人口的搬离，以及政府对旧区缺乏修缮与支持，唐人街的商业地位逐渐下降，直至今天，唐人街成为棚户区的聚集地。不过也因为留下来的人，保留并传承自己的文化，才让传统的文化和艺术沉淀下来。

根据世界银行的数据，2021年泰国总人口为7100余万人。据说，至今在泰国有1100多万华人，主厨Pam便是其中一位。在130多年前，她的曾曾祖父从福建下南洋到了曼谷，在唐人街以经营中医药馆谋生活。餐厅POTONG的前身，也正是中医药馆的原址：422 Vanich Rd. Samphanthawong。

❖ 从中草药制造商到革新泰中料理餐厅 ❖

唐人街的房子，楼层普遍低矮，大概是两三层；商用楼相对高一些，但多数因是老式的楼，所以外饰几乎是保留了过去的模样。放眼望去，一户挨着一户，一楼的大门大多是旧式的铁门或铁闸，用手推开会发出像铁链移动的清脆声；狭窄的街巷里，四处散落着小摊贩，凌乱中夹带着错落有致，让人很难生厌。

傍晚的唐人街，更热闹了。霓虹灯下的熙熙攘攘，映衬着沿途行人的期待；沿街一排排的小桌台，还有长长的队伍，都近乎贴着路面了，小餐馆和摊贩们都恨不得自己能有三头六臂，把正在等位的客人照顾妥帖；大部分的街巷也不是很长，在纵横交错的分布下，穿

街过巷有一种鲜活且真实的乐趣,而那些对 20 世纪 90 年代或之前的中国城市有生活印象的国人来说,是似曾相识。

此时,手机导航上显示距离 POTONG 只有 200 多米的距离,需要拐两三条巷子才能到达。继续往前走,车声、人声和碗碟碰撞的清脆声已经离我越来越远,而且巷子两边的店铺也已经打烊了,剩下街边略显昏黄的灯光。再往右一拐,抬头就看到醒目的招牌。

(一)启幕:我好像有两份理想的力量

1910 年,Pam 的曾曾祖父在这里创立了名为 POTONG 的中药房,该名字的原型,是汉语里的"普通"。而在过去 100 多年里,这幢五层楼高的房子里是他们家族四代人的所有,它就像是一部族谱,承载着一个寻常华人家族经历的风雨与荣耀。

2021 年 9 月,Pam 回到起点,怀着让世界认识泰中料理的热情,延续并为 POTONG 开启新的旅程。与其说这是一个料理概念和抱负,不如讲 Pam 就是吃泰中料理长大的。

与 Pam 的爸爸结婚后,Pam 的妈妈就辞职当起了家庭主妇。因为 Pam 的妈妈本来就很爱下厨,而且做菜很好吃,所以 Pam 的记忆里,有很多都是她妈妈与食物的形象,比如:爱去菜市场的妈妈、爱宴请的妈妈等。而作为生活在唐人街的华人,妈妈每日烹饪的就是泰中结合的菜式,这些成为 Pam 成长的印记。

Pam 直到上了大学二年级才有勇气面对烹饪。当时她学的是与大众传播相关的专业,但是发现自己实在是提不起热情,同时也对烹饪心存念想,最后她决定跟妈妈提出想要去烹饪学校读书的想法。虽然内心害怕遭到反对,但 Pam 也没有过多犹豫,而且从小和妈妈很亲近的她,心底觉得热爱烹饪的妈妈能理解她,结果也正是如此,她的想法得到妈妈的支持,在妈妈看来,女儿这是在实现自己未能实现的梦想。"妈妈那个年代,家里既无法支付厨艺学校高昂的学费,也不会允许女儿去学厨。"

进入美国烹饪学院(Culinary Institute of America),Pam 也正式开始了她的烹饪旅程。结束在烹饪学校的学习后,她进入了纽约米其林二星餐厅 Jean Georges(经典法式餐厅,在保持了十多年的米其林三星餐厅头衔后,2017 年起餐厅由三星降至二星,至今维持不变)。Pam 并没有着急从不同的顶级餐厅里获得经历,而是安心在 Jean Georges 磨炼自己的烹饪技术与能力,几年后回到曼谷。

(二)第一个转折点

很多厨师都有开餐厅的梦想,少部分的很幸运,在他们还很年轻时就遇上了"伯乐",抑或他们家里有经济实力,让他们更快地将想法落地。我觉得,Pam 是两者兼得,当然无法否认她自己本身就很努力。

在学厨的时候,Pam 就有了清晰的目标,就是想要自己的餐厅成为米其林餐厅。于是,回到曼谷后,她就向家里人说出自己想开餐厅的想法,但遭到家里人的反对,因为爸妈认为她的年纪还小,经历也不够,所以暂时无法为她提供经济支持。遭拒之后,Pam 自己张罗起了私厨,很快就经营得有声有色,她自己也很满意,开餐厅的念头也逐渐消失了。可命运就是很奇怪,好像冥冥中就注定,但不到发生的那一刻,也真的无法估摸它会把人引向何方。让 Pam 重拾开餐厅念头的人,是她现在的先生 Tor Boonpiti。

"先生也是泰国人,之前在新加坡从事工程师相关的工作。我们很早就认识了,但彼此很少会进行联系,直到我和朋友一起到新加坡旅行,由于出现一些小插曲,所以最后他带我在新加坡玩,后来很自然就走到一起。

"在一起不久，他就问我的梦想，可我觉得自己的梦想好像是异想天开，所以很害怕说出口。但经不住他不停地鼓励，我就告诉他了。从那一刻起，他就成了我强有力的后盾，也才出现了我人生第一个很重要的转折点，也就是我们一起创立了POTONG，他负责商业运营，我看着厨房。

"身边有很多朋友都会问，夫妻怎么能一起工作？对于我来说，真的非常简单，而且我会觉得这样更好，当我们一起做决定时，我们会获得更大的信心。先生他很喜欢热爱工作的女性，也很希望我能做自己想做的事情，所以他会不断地推着我走，给我足够的信心和支持，让我没有后顾之忧去把事情做好。真的，我很少感到焦虑。

"我想，我俩属于灵魂伴侣。"

（三）我想记住过去，却也想拥抱新鲜

开餐厅不是瞬间的念头，理念也同样不是。虽然说离不开自身的文化身份认同感，但我觉得在Pam身上能看到更为具体的着力点，那就是"家"。像她说的一样，"我不想把我们家的美和传统遗忘"。

泰中料理，是她从小吃到大的食物，是妈妈带来的回忆；它也是一部华人的移民史。带着成长中形成的味蕾记忆，她用自己的方法重新解读。Pam与先生舍弃了当下流行的词语"现代"，而觉得"革新"更加合适。因为俩人认为，后者有一种不设限的意味。

这种料理很特别，它并不是由两种不同的料理简单地融合在一起，就像当下很受欢迎的现代料理，运用西餐烹饪技术融入本土的食材和饮食中去。它更像是一种经历了时间和历史的沉淀后，重新塑造并发展起来的独立料理，或许我们会看到一点中餐的元素，特别是来自福建与潮汕地区的饮食传统，因为旧时的华人移民主要由这两个族群构成。然而它又确实不是中餐，同时又区别于正统的泰餐。

一边是由家人带来的食物记忆，一边是因种族移民而得的文化混血，让 Pam 的泰中料理极具个性化。她深知这一点，所以在筹划开餐厅的时候，做过这样的设想："我希望它能成为唐人街的一个地标。"

开业不到一年就获得很多荣誉的 POTONG，的确证明了它的独特。它从餐厅设计到料理出品，展现了一种多维度与周边环境和文化碰撞与融合的和谐之美。

1. 餐厅设计

对这幢兼具中葡风格的百年祖屋翻新，总共花了大约 2.5 年的时间。它以并置（juxtaposition）为设计理念，力图通过每一个细节，让全球食客置身其中时，能与 POTONG 及唐人街的历史、时光、文化与食物共情。五层楼各司其职，但又互相联系。

一楼的前身是药房，现在变成了小酒吧，除了提供酒和茶外，还提供自制的康普茶。从转角楼梯或电梯抵达二楼，这里以前是用来储存和准备药材用的房间，保留了老式的内饰，比如窗户和隔离带，改造成餐厅的第一部分用餐区。

那狭窄陡峭且略显简陋的楼梯、木窗户，以及雕花瓷砖，还有用作私密用餐的三楼，其布局和装饰保持原有不变。它的设计与中国福建、广东潮汕等地的老宅很像，主人会在门楣或者客厅显眼之处挂上一副匾额，两侧则是楹联，POTONG 的匾额刻着的是两个大大的繁体字"義氣"，颇有气势，而房间两侧的红木玻璃柜子里摆放着一些瓷器。

餐厅的厨房，位于三楼与四楼的楼梯转角位，面积不大，也没有经过太多的修缮。拾级而上到四楼，进入了时髦洋气的 OPIUM BAR，它完全与三楼那种向传统和经典致敬的风格和氛围区别开来，而这种强烈的反差与碰撞，让人为此陶醉其中。如果觉得四楼过于

热闹，那么移步至五楼，一个祖屋顶楼露台似的小酌之地，很是安静惬意。

2. 料理哲学

Pam 对自己的料理哲学有着很清晰的认知，那就是"五种元素，五种感觉"（5 Elements，5 Senses）。五种元素指的是：盐（Salt）、酸（Acid）、辛香（Spice）、质地（Texture）、美拉德反应（Maillard reaction）[注：美拉德反应又称非酶棕色化反应，是还原糖（碳水化合物）与游离氨基酸或蛋白质分子中的游离氨基，在常温或加热时发生的一系列反应，包含颜色的变黄变深变黑、香气的产生及味道上的转变，例如甜味的产生；反应过程中还会产生成百上千有不同气味的中间体分子，包括还原酮、醛和杂环化合物，这些物质为食品提供风味和色泽]。五种感觉指的是：视觉、听觉、嗅觉、味觉与触觉。以此为核心，Pam 带领团队每期创作由 20 道料理组成的精选套餐。

我是在 2022 年 12 月上旬拜访餐厅的，以当时套餐的三道料理出品做例：

椰子：在泰国一小段时间后，我发现椰子在泰国料理里出现的比例非常高，从街头小吃到高级餐厅，从咸味到甜味，人们都离不开它。对于 Pam 和 POTONG 来说，也是一样。为了表现椰子在泰国的文化内涵、她个人的成长回忆及料理哲学，我认为她是运用了"零浪费"的概念，把元素串联起来。

它用发光的方形盒子呈现，上面四个角按顺序摆放了四道由椰子元素组合成的出品。首先，从左上角的一口由椰子做成的小食开始，它以一种泰式的辣沙拉为灵感，用传统的椰子胚、香茅草、辣椒等创作而成，味道是微咸中夹杂着清香与甜；接着右上角是椰子奶，从前 Pam 不仅喜欢把椰子蓉吃掉，也习惯把椰子水喝完，它正是以此为原型，她还在上面创作了一片用抹茶做成的椰子，有椰子叶之意；然后右下角是椰子肉，呼应唐人街的小吃，用细长的叉子把椰子肉、烟熏芒果、手指柠檬串起来，上面再加点香菜，再插入椰子壳的形式呈现；最后就是椰子冰激凌，通常椰子荚是被丢弃的，但Pam 把它轻熏后为椰子冰激凌带来更丰富的香气和风味。之后，搭配上一杯用椰子制作而成的康普茶。

蟹：中国长久以来的吃蟹文化，随着移民而迁移并与泰国这个海岛的吃蟹文化相结合。Pam 喜欢中国人烹蟹和吃蟹的方式，同时也是为了向泰国南部的大海致敬，她一直在升级这道蟹。这次的做法是：取来肥美的青蟹，把蟹拆开后留下一个蟹钳和蟹壳，先在蟹钳里加入一点经过黄油处理的蟹肉，然后在蟹壳里面的两侧分别放入用黑胡椒制作的酱汁和加入黄油乳化的蟹黄姜，最后搭配一份泰中式的蟹黄油面包。

鸭子： 亚洲家庭的饭桌，多以米饭为主，再搭配上几道肉、鱼、蔬菜、凉菜等，是慰藉人心的食物，也是维系人与人关系的纽带。因为有热爱烹饪的妈妈，Pam 从小就知道饭桌与分享的意义，于是才有了这道宏大却迷你的主菜，包括有：使用五种香料并经过 14 天熟成的鸭肉、麻婆豆腐、加入了烧烤汁的慢煮猪肋骨、中式羽衣甘蓝（叶子是油炸，球身是用炒），另外还有好几种不同的腌菜和酱汁，比如姜片、蒜头、卷心菜、中式烧烤汁、辣椒酱，用作搭配茉莉米饭。

◆ 梦想、现实与性格，三角形的平衡点 ◆

（一）梦想

现在再想这个问题，似乎有点多余，不过我觉得它也是事实，所以想提出来：在 2022 年 11 月份《2023 泰国米其林指南》发布会前，也就是在 POTONG 获得当年新晋米其林一星餐厅，以及"米其林年度餐厅开幕奖"（MICHELIN Opening of the Year Award）之前，如果问曼谷当地的业界及美食爱好者，当年最值得关注且热门的厨师和餐厅有哪些？Pam 和她的 POTONG 一定是其中之一。如此肯定地回答，主要是因为看到关于它的讨论很活跃。

第一次参加发布会，Pam 坐在台下既兴奋又紧张，她安静地等着进入宣布星级餐厅名单环节，完全没有想过 POTONG 的名字会在之前就出现，所以当餐厅的名字在耳边响起，同时在屏幕上出现的那一瞬间，Pam 觉得心脏都要跳出来了，这个"年度餐厅开幕奖"，Pam 认为获得它比获得一星带来的震撼更大，"因为这个奖项只有一个，而且是在今年特别设立的，之前没有，其他地区也没有的"。

让她感到意外的事情是,随着知名度的提升,她渐渐成了别人的榜样。以泰中料理为例子,Pam 说曼谷有很多这样的餐厅,或许他们大部分不是专注在高级餐饮,或许他们已经习惯了泰中料理本来的样子,觉得很难有突破的可能,但是因为 POTONG,他们看到了改变的力量,还有希望,所以 Pam 慢慢看到,同行们在做一些升级。

另外一件事是:"我常常会收到很多年轻人给我发信息,说自己想成为一名厨师或者,但是有各种顾虑,"Pam 想让他们知道的是,"如果你有梦想,那么就努力好了。时间不等人,只有努力奔赴,才有实现的可能。"

POTONG 是 Pam 和团队的梦想,也才刚刚开始。当时她说自己有更多想做的事情,比如向米其林二星出发,她会鼓励团队说:"能不能实现不要紧,但先努力去做。"

除了 POTONG,Pam 和她先生还有一个想要实现的念想,那就是建立烹饪学校。这个想法,其实在 POTONG 落地之前,俩人已经在酝酿了,可当时由于条件不成熟,所以就搁置了。

Pam 想创立学校,初衷主要有两个:第一,国外烹饪学校的学费普遍都昂贵,阻碍了很多年轻人,所以她想在泰国创立一家本土学校,为更多的他们打开梦想的门。第二,Pam 觉得,美食的连接面很广,她自己也很喜欢去探索其中的方方面面,之前她就有开设短期的烹饪课程。尽管这个愿望暂时还不能被提上日程,但 Pam 并没有放弃。

(二)家庭,与性格

相信每一个移民的家庭,都有它独特的历史;像 Pam 这样已经有好几代的祖辈在曼谷扎根的家族,历史就更为厚重。我不想去深究这段百年历史,只是想通过她的成长背景,了解她性格的形成。

"我在一个很和谐有爱的家庭里长大。妈妈的血统一半是泰国，一半是中国，而爸爸则是澳大利亚与中国结合。俩人从前都是住在唐人街，相隔不远，而且都是从事证券投资工作，在两情相悦下就结婚了。因为爸爸来自富裕家庭，而妈妈家就比较困难，很难想象他们经历了什么，但始终没有放弃爱情，也让哥哥和我在一个充满爱的环境下长大。

"你问我从爸妈身上学到了什么？实在是太多，我从小跟爸妈就特别亲近。先说我妈吧，她教会我谦卑。像妈妈一样，我从小就喜欢烹饪，有一次我做了巧克力蛋糕，赚了30泰铢，回来我跟妈妈抱怨说，做得很累，收获却不大。妈妈跟我说，千万不要小看一分钱，同样也不要低看任何人，所以，善待他人对我来说，是一种本能。像现在在餐厅，我不会乱发脾气；平常也会见很多人，比如食材种植者，因为是他们劳作，我们才能有好的食材，所以见他们的次数越多，我就越感激。我得到很多在公众曝光的机会，但我从不觉得自己有什么了不起的。跟我接触久了的人就知道，我很随和，也不会去讨厌别人。这些都是从我妈身上学的。

"我的爸爸，是最好的爸爸。他和妈妈的脾气不一样，妈妈会叨唠我，但爸爸不会，他很冷静也很有耐心。我小时候喜欢跟朋友出去玩，常常从家里偷溜出去，我爸像默许了我的行为，'纵容'我的自由，我受影响最大的应该是他的那份耐心吧。

"我还有一个哥哥，也是因为有他在，让我能无忧无虑地成长。

"因为他们的爱，让我成为乐观的人。

"我也觉得自己是特别幸运的人。女儿的出生，让本来忙碌的节奏，更紧凑了；可由于得到婆婆的无条件支持，她从来没有埋怨我作为母亲的'缺席'，而且尽力帮我照顾女儿，让我放下了很多顾虑，继续我的事业。"

在与Pam的对话里，我发现她重复提到自己是幸运的人，比如说能遇上自己的灵魂伴侣，生长在一个有爱的家庭，婆婆照顾小孩，以及遇上好的机会，等等。她的这种重复，是一种不经意、真实，且流露出心存感激的。作为听者的我会认为，这些幸运的背后，除了运气的因素，她的性格，包括内心开放、乐观、与人为善、懂感恩，才是让周围的一切化成圆的力量。

（三）成就事业，与成为妈妈

小时候虽然好玩，但 Pam 有害羞内敛的性格。说不清是天性，还是在内敛的亚洲社会文化和家庭背景下长大，但她自己是这么认为的。长大后的各种际遇，让她慢慢打开了自己。

第一次是在纽约 Jean Georges 工作的时候。美国文化讲究直接，在高度讲求严谨的顶级厨房工作，人与人间的摩擦是清晰的，如果有同事犯错误，那么大多是逃不掉大吼大叫的结果。刚开始的时候，Pam 很不适应，因为在亚洲文化中长大的她，习惯了隐忍的待人处事方式，即使明知道是错误的，也常会用大事化小的态度，所以在初期要面对各种正面冲突时，Pam 常常会大哭，也不知道该如何面对，心里很想逃回曼谷。当然她没有那么做，等她坚持下来后发现，自己的承受能力变得更强。

第二次是为 Top Chef Thailand 节目担任评委期间。因为长期害羞的性格，她并不擅长表达，可作为评委，得在台上发言。"我不知道应该说什么，当我说话的时候，我感觉到嘴巴在发抖，" Pam 觉得需要改变了自己了，"因为要把事情做好。"经过一次次地练习，就有了进步。"现在我不再害羞。"

第三次是因为 Pam 的先生。先生是一直帮助 Pam 进步的人，他会提醒 Pam 说，她现在是代表一个品牌，需要经营，为此 Pam 不抗拒。可成为妈妈后的她，也在找属于自己的节奏。

成为妈妈，是计划中的意料之外。Pam 与先生结婚后，是决定几年后才要小孩，但缘分就这样悄悄来临了。小孩刚生下来时，Pam 有点不知所措，也有沮丧，因为她害怕自己无法像其她妈妈一样，做得那么好。"尽管我是乐观的人，但成为妈妈这件事我是焦虑的。"但是随着时间一天天过去，Pam 能做的就是不去顾虑太多，否则什么也做不了。

有婆婆帮忙照顾女儿，Pam 很放心，可她也想匀出更多陪伴女儿的时间和精力。"以前我的生活状态有点像明星，但现在如果让我选择是出去参加社交，还是回家陪女儿，那我会选择后者。我依然感谢之前那样的状态，只是我现在更珍惜能与女儿相伴的时间。"

成为妈妈后，Pam 是真切体会到女性在平衡工作与家庭生活的难度，而且是在自己已经得到很多人帮助的条件下。因此，她会希望年轻一代的女性同行，最好是在等自己有心理准备的情况下，才要小孩；如果真的是缘分到了，建议也不要太忧虑，只要慢慢来，事情会变好的。

❖ 一阴一阳面条 ❖

"在泰国和中国的文化里，面条历来是主要的日常食物之一。从小我就很爱吃面条，面条是我最爱吃的食物之一，因此我想到了用面条进行创作。我的做法是把由手工制作的鸡蛋面条做成黑白相间颜色，然后加入羊肚菌酱，象征着古代文化中的阴阳乾坤哲学，也呈现一种未来泰中料理的模样。我想借这道料理，让人们知道，那些我们觉得普通常见的食材，藏着很大的潜力。"

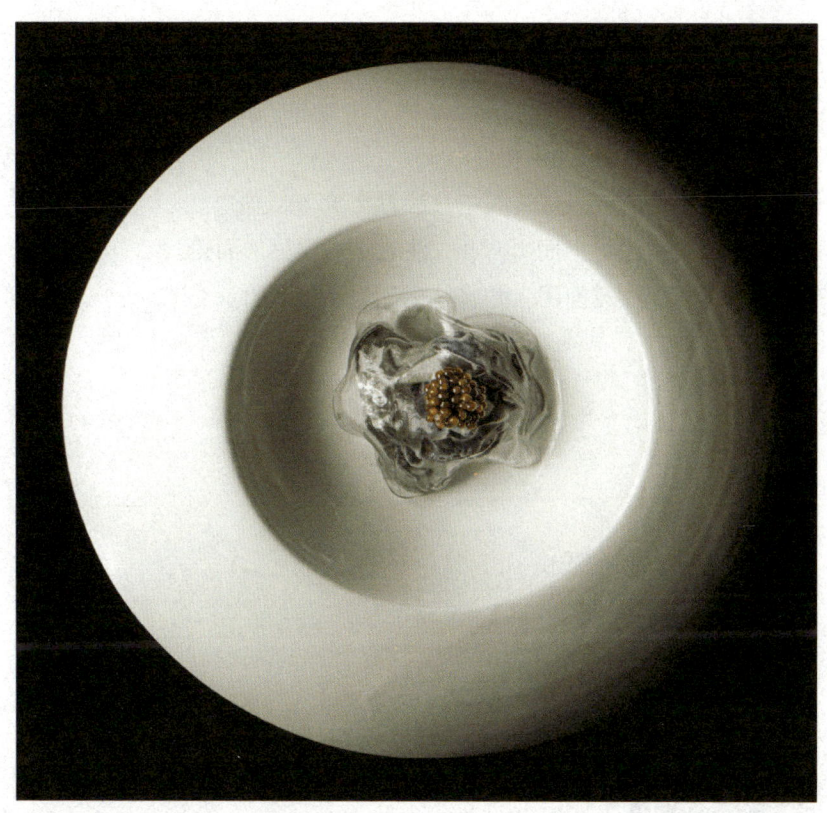

（一）黑白两色面条

1. 白色面条

食材

中筋面粉 200 克
食用苏打粉 4 克
盐 1 克
水 40 克
鸡蛋 44 克

制作方法

（1）准备一个大碗，往里面倒入干原料，混合均匀；再加入鸡蛋和水，将之揉拌成团即可。

（2）将面团放入保鲜膜中，静置至少 30 分钟。

（3）用擀面棍把面团擀开，注意不需要另加面粉。

（4）再次揉成面团，并将其标记为 4 号面团。

2. 黑色面条

食材

中筋面粉 90 克

食用木炭粉 10 克

食用苏打粉 2 克

盐 0.5 克

水 30 克

鸡蛋 22 克

制作方法

（1）准备一个大碗，往里面倒入干原料，混合均匀；再加入鸡蛋和水，将之揉拌成团即可。

（2）将面团放入保鲜膜中，静置至少 30 分钟。

（3）用擀面棍把面团擀开，注意不需要另加面粉。

（4）再次揉成面团，并将其标记为 1 号面团。

组合两种面团做法

（1）将 1 号和 4 号面团混合搅拌在一起，注意其间不需往里加入水。

（2）继续揉拌黑白两色面团，合二为一成1号面团；再次揉拌。

（3）把面团切成像意大利面的长条形状，后轻轻移至平底托盘里；盖上保鲜膜后，最后放入冰箱冷藏。

（二）中式羊肚菌酱

食材

红洋葱（切碎）30克

黄油 20 克

干羊肚菌 20 克

白葡萄酒 50 克

鱼头高汤 150 克

鸡高汤 170 克

黄原胶 1 克

纯素酱汁 30 克

制作方法

（1）轻轻加入黄油，并把红洋葱放入黄油中煎，直至洋葱变软且红颜色褪去。

（2）把羊肚菌放在温水中浸泡10分钟，后挤去多余水分；将羊肚菌切成约3厘米长，放入水中清洗以便去除多余的沙子，再次挤干里面的水分。

（3）把羊肚菌切丁，放入洋葱锅里并搅拌1分钟。

（4）加入白葡萄酒，等酒精挥发干净即可。

（5）加入鱼头高汤、鸡高汤和纯素酱汁，盖上锅盖后用文火炖煮，直至其称重变为320克（重要！）

（6）过滤出液体，接着加入黄原胶，并使用手动搅拌机将之搅拌均匀，最后重新往里加入羊肚菌。

小贴士

在制作面条时，面团看起来会显得比较干，记得不要往里加入水。

赵恩熙：
宫廷、贵族与寺庙料理的兼容并蓄

2013 年，赵恩熙（Cho Eun-hee）联合创立了 Onjium，
定位为韩国文化遗产研究机构，食物是一个桥梁。
20 岁出头就学习韩国宫廷料理的她，
很早就懂得古老烹饪的迷人，至今仍会为它心跳加速，
她用自成一派的方法，与现代人分享和传承宫廷、贵族与寺庙料理。
2024 年，Onjium 在亚洲 50 佳餐厅榜单上排名第 21 位，
至今是首尔米其林一星餐厅。

一封信

Onjium，想守护传统文化。

但所谓传统，其中既有超出想象的独创，也有不变的核心，这是一种能跨越时间的美丽。

因此，与寻找更多的突破和变形相比，最大限度地还原传统的美，是我最想要展示的。

这不是某种新事物，而是我们内心的东西，

就像我们是谁、从哪里来一样，是会引起大家的共鸣的，

传统也不是遥远的回响，而是我们内心的声音。

我选择的这条韩餐道路虽然很困难，但也会一直怀揣信念坚持下去。

随着老一辈年龄的增长，他们几十年来掌握的料理方法逐渐被遗忘，

我想趁着还不算太晚，把保留至今的韩餐做法学习、纪录、制作出来，并且传授给年轻人。这是一件非常急迫的事情。

—— 赵恩熙（Cho Eun-hee）

◆ 古老的烹饪 ◆

韩国的饮食是受到其所在地区的地理条件和生活条件影响而演变的。陆地总面积10余万平方公里的韩国，位于东亚朝鲜半岛南部，三面环海（西面濒临黄海，东南是朝鲜海峡，东边是日本海），且处于大海的寒流和暖流交汇处，鱼类贝类种类丰富。另因四季天气变化影响，发酵和储存食物的方法很丰富。国民的日常饮食，主要以米饭为主，搭配各种蔬菜肉类，还佐以各种下酒小菜，比如泡菜。

食物是在同一个地区成长的人共同拥有的文化。虽然同一种食物，每家每户的制作方法都有点不同，但因为吃的是同一种食物，人们会形成相近的饮食习惯，甚至形成有默契的交流和分享，或喜乐或悲伤。经过时间的流转，食物经过一代代相传，流传至今。

在历史的长河里，食物是流动的，同一种食物在不同的年代，也有各自的变化模式，适应彼时所需。而当下的食物，是由过去演变而来的，于是认识旧时的食物，变成一件重要的事。

（一）宫廷与贵族料理

宫廷历来是韩国饮食最发达的地方。旧时韩国是以王权为中心的国家，其政治、文化、经济权力都集中在宫中，造就了其发达的饮食生活。历朝历代，全国各地最早的食材都率先进入宫廷，御膳房的师傅个个拥有顶尖的烹调技术，因此造就了发达的宫廷料理。后来通过宫人与士大夫的通婚，宫廷的生活方式、饮食文化也传入了士大夫阶层，宫中的仪式、宴席等记载也一直流传至今，成为学习饮食文化的重要资料。

在朝鲜王朝之前，高丽时代的宫廷饮食也很发达。不过，由于留下来的文献和资料很有限，所以研究起来很困难。幸运的是，关于朝鲜王朝的饮食生活记录很多被保存下来了，而且资料非常丰富，其中宫中最后一位厨房尚宫韩熙顺的烹饪方法也流传至今。到目前为止宫廷饮食还有许多值得研究的领域，是需要保护的文化遗产。而且食物中还融入了韩国人固有的精神和传统，所以说食物是文化的结晶，只有蕴含着这种固有文化的饮食才能在国际舞台上拥有竞争力。所以赵恩熙认为宫廷料理是最初的起点。

赵恩熙认为，宫廷料理实质上浓缩了韩国各地区食物的精华。从春季到冬季，当时各地都要把最好的时令食材和特产上贡给朝鲜宫廷，然后由御膳房将之变成菜肴。赵恩熙从文献记录里了解到，各个地区送进宫廷的特产均有明细，包括海鲜、饼干、果脯、大酱等，还有比如对济州岛的记录，那里盛产海鲜，但由于路途遥远，于是当地官员会把海鲜先晒干，再运送进皇宫。

韩国饮食非常重视色彩，其中，五方色（白色、黑色、绿色、红色、黄色）是最常用的颜色。宫廷料理中最具代表性的九折板和神仙炉就使用了多种食材，将各种颜色的食材组合在一起，色彩非常华丽。在做年糕和点心时，会加入含有天然色素的药材、花、花粉等，使之呈现出不同的颜色和味道，这种方法在韩国饮食中是很常见的。韩国食物没有夸张的外形，为了突出主菜，会使用五方色，用鸡蛋丝、芝麻、松子、绿叶等精心装饰。在置办仪式或大型宴会时，会运用最华丽且丰富的色彩，并将食物高高地堆成各式各样的形状，饮食的艺术性也得以最大限度地呈现。

开始接触宫廷料理时，赵恩熙才20岁出头，那时就读的就是韩国宫廷研究院（Institute of Korean Royal Cuisine），于是开始研究宫廷饮食，通过翻阅大量的文献资料，听老师讲课，以及向熟悉当时饮食文化的老人请教，赵恩熙看到了一个全新的韩国饮食文化，从此她为之痴迷。

后来，赵恩熙有长达近20年在学校任教的经历，分别是担任韩国宫廷研究院教学组组长（1995—2003年）、梨花女子大学教授（2008—2015年）。那时教学任务的重点，是给学生传授正确的宫廷饮食文化，越靠近史料越好。

2013年，Onjium在Hwadong Culture Foundation的支持下正式开业，主要以朝鲜王朝的宫廷料理、贵族阶级料理创作为理念。韩国的饮食，历来大致分为宫廷料理、贵族料理、寺庙料理及乡土料理，由于宫廷和贵族的饮食都会使用最新鲜和昂贵的优质食材，而且由于他们之间的联系非常紧密，交流也很频繁，所以是其所处时代最好的饮食。

  与之前在学校里按图索骥式的传授不一样，赵恩熙觉得因为时代的变迁，食材和烹饪方法都有了天翻地覆的变化，所以不能照葫芦画瓢把旧时的饮食做出来，只能以此为原型和基础，创作能融入现代人饮食生活的宫廷和贵族饮食。要说如何实现现代化，赵恩熙认为找到古代食材的替代品是中庸之道。举个例子，有道菜叫越果菜，其中的"越果"是如今没有的蔬菜，现在多用小南瓜或者梨来替代。而且一样的梨子，切法也很重要。通常会切丝，如果不是切丝而是切成其他形状，食物整体的感觉就会不同。

  餐厅，只是 Onjium 的其中一个功能，其定位是一个韩国文化遗产研究机构（Research Institute of Cultural Heritage of Korea），它研究并展示韩国古老的衣、食和住，以此衔接过去与现在。

（二）寺庙料理

除了宫廷和贵族料理，韩国的寺庙饮食非常发达，还有许多擅长烹饪的僧人。寺庙料理流传了几百年，虽然只做蔬菜，但至今也无法一一厘清它的菜式。寺庙料理也是可以窥见先人智慧的资料。所以我认为寺庙料理魅力十足，今后有着无尽的可能性，它和素食一样将成为今后的新兴领域。

与宫廷料理不同，因为宫廷料理是王族吃的食物，所以总是会用到最好的食材，尤其会用到很多的牛肉和香菇；寺庙料理不一样，它是完全不用肉类的料理，可这却成了它的一大妙处，就是它可以用上任何一种可能不被大家欣赏，而又平平无奇的蔬菜，制作出让人惊喜和感动的食物，对环境与身体也有益。而且，韩国的山地约占总国土面积的70%，山区和田野有很多野菜和蔬菜，非常适合寺庙的饮食，所以在那里，蔬菜烹饪比传统的韩食更繁盛。

以寺庙饮食闻名的僧人有很多，当下最广为人知的就是白羊寺天真庵（Chunjinam Hermitage, Baekyangsa Temple）的静观师太（Jeong Kwan）了。倒带回1974年，彼时10来岁的静观师太进入白羊寺禅修，因为被安排在厨房工作，所以也开启了她寺庙饮食的探索。2017年，Netflix《主厨的餐桌》第三季开播，以静观师太的寺庙料理作开篇。2022年度亚洲50佳餐厅标志人物奖由静观师太获得。

寺庙料理为赵恩熙带来的触动，还离不开一次经历。有一次，赵恩熙听了大田瀛仙寺法松大师的演讲。法松师傅从大师那里学了30多年的料理手艺，并在此基础上创出了独属自己的料理技法，凭借此让简单的食材成为全新的食物。这一点让赵恩熙非常有感触，所以对寺庙料理产生了更多兴趣。

因为寺庙里经常有祭祀，所以梨、栗子、大枣是很常见的食材。烹饪时也多用夏季蔬菜的烹饪法。比如苏子叶主要是制成泡菜生吃，或是将栗子、大枣做成酱，用烤制的方法做烤苏子叶。用同样的方法还可以做烤生菜，另外土豆、莲藕、茄子和紫苏油一起煎也别有一番风味。

寺庙的食物很干净，没有太多的调味料。为了提升食物的风味，僧人会加入自制的酱油、大酱、辣椒酱等发酵食品，也会把许多蔬菜制成泡菜。赵恩熙在寺庙向有名的大师学习料理技艺，在尝试斋饭的过程中对素食产生浓厚兴趣，也想再多做一些研究，成为素食领域的专家。赵恩熙认为只有做出更多让人与地球都健康的食物，才能让更多人感受到素食的魅力。赵恩熙觉得这个领域在将来会有持续发展的可能。

（三）古老的食谱

因为朝鲜王朝时期的记录文化很发达，所以可参考的资料很多。朝鲜王朝各个时期的食谱有很多流传了下来。第一本食谱是位男性所作，他为了记录和整理家家户户的酿酒法写了"厨房文"，后又因为记录了下酒菜的做法使得第一本食谱诞生。朝鲜王朝时期出现了许多食谱，这些古食谱流传下来成为现在韩国饮食的基干。

多从古食谱中学习是很重要的。在亲自尝试复刻书中的食物后，既能够掌握食物原本的做法，也可以变换食材或技艺进行再创作，使之成为与现代相适应的料理。另外和其他厨师们一起思考，打下研究基础会比自己一个人更能激发灵感，更能发展出更多好的食物。

从"居家必备"的食谱，到安东张桂香（장계향）奶奶写的《饮食知味方》，还有承载了600年首尔饮食和传统饮食的书籍，赵恩熙都有参考，她还亲自向宫里老人、晋州许氏、开城当地等祖辈有食谱传承的前辈们学习烹饪，拜读他们的著作。

赵恩熙和教授郑慧京（정혜경）一起研学烹饪书籍，今后还打

算用更多的时间和其他厨师们一起学习各种各样的食谱,一起研究、讨论和创造新的料理方法。这种学习会一直持续下去,她自己也会阅读和吸收更多烹饪知识,寻找更多灵感。而且不光是做研究,她也想要自己动手复刻更多菜肴,发展出更适合现代的东西。她希望Onjium能出一本书把这所有的过程记录下来。

法松大师蕴含自然的饭桌,善财大师的寺庙饮食,都让赵恩熙有所触动。此外,她还从书里学到了甜南瓜泡菜、野菜煎饼、酱年糕、虎掌菇汤等。

❖ 现代韩食 ❖

按照赵恩熙的理解,那些将韩式食材用西式烹饪技术创作而来的料理,称为现代韩国料理。这与她一直以来以传统韩食为根基的创作有所不同,而且她致力于把古老的韩食重新带到公众视野,所以她觉得自己和Onjium的料理并不能归类为现代韩国料理。说到古代传下来的韩国料理,可能大家会觉得那不是现代或者时尚。如果传统饮食是从祖上代代流传下来的话,那么它就会留有记录,而奶奶、妈妈平时做的食物对人们而言就是传统饮食。Onjium和赵恩熙今后的目标就是研究和制作这些食物,并且把更多传统食物找出来展现给现代人。

从前韩国餐饮业发展不起来的时候,很多年轻的厨师去到国外学习烹饪,他们在学习和工作中,掌握了西方的烹饪艺术,之后陆续回到韩国创办餐厅,以此为契机,韩国餐饮在这些年得到迅速的发展,饮食文化也因此更多元。

因为这些年轻厨师把新的技术和艺术引入传统韩食,模糊了食物的边界,赵恩熙认为,传统的烹饪方法同样可以结合西式的烹饪艺术,最后以一种全新面貌展现出来。这样的话,韩食将会以比现在更多样的方式被世界所知道，但要做到这一点，厨师们需要具备扎实的传统韩食烹饪功夫。

2021 年，Onjium 进军海外，于是 Genesis House 在纽约诞生了。在美国发展起来的韩餐可以称为现代韩餐。它将西方和韩国的烹饪方法融合在一起，成为纽约人都很喜欢的食物。Genesis House 是 Onjium 展示韩国饮食的地方。因为是外国厨师在制作，所以很难完整地注入韩国人的情愫。但只要一直给他们传授烹饪方法，向他们展示，让他们理解韩国的饮食文化，他们自然而然地就能掌握韩餐了。

（一）韩食之美

1. 自然、健康而孝顺的食物

"韩食是我从小吃到大的食物，是我吃得最多、最喜欢的食物，也是最合适我身体的食物。每次碰到好吃的料理、新鲜的食材，总之是好东西的时候，我就会感到很幸福。虽然我至今花了大半辈子去学习、研究、教学，还有烹饪韩食，我还是会常常因为遇到和学到新的料理文化，被韩食的美所触动，有时心跳也会加快。

"我想说，韩食的制作方法很多都是展现食物原本的味道，韩国饮食是能让人感受到孝顺、自然和美的食物。如果身体条件允许，我真的很想就这样一辈子都做与韩食相关的事情，这是我最喜欢、也是能做好的事情。"

食物与一个国家、民族之间的关系，不知道是否存在科学的解释，但我相信，两者是相互影响的。举个简单的例子，西餐是每人一份餐食，是崇尚个人主义的体现；中餐是共享用餐礼仪（尽管现在高端中餐的位上也很受欢迎，但共享是文化），是讲求集体主义的特征。

共享用餐文化，在亚洲国家中较为普遍，包括韩国。赵恩熙解释，在提到韩国人的民族特性时，很难撇开"情"这个字，这在韩食用餐礼仪上表现得非常明显。与中餐相似，饭桌上总是会摆满各种各样的食物，让饭桌上的人围坐在一起，共同分享。通过与彼此分享食物，来分享生活。

　　至于共餐礼节，如果你看朝鲜时期宫中的餐桌，会发现食物都不是放在一个碗里吃的，而是各有各处的单桌文化。在宫里，有为老人专门摆的宴席和餐桌。同席（同桌吃饭）文化是随着日本殖民和时代变迁而出现的新的饮食文化。在这一时期之后，同席文化才占据主流。随着外卖产业的发达，另一种分享食物形态也出现了。后来因为新冠疫情的影响，各自分餐、单人套餐的饮食文化也自然而然地形成了。

　　食物，也是连接孝顺的纽带。韩食里有很多质地柔软的食物，一个主要原因是可以让长辈们吃得舒服；而且按用餐的礼仪，人们会把食物递给辈分最高的长辈，再依次类推，最后聚在一起用餐。不过，现代人不在家做饭变成平常事，亲人间的纽带感似乎在减弱。如果能有一个地方，让人们可以每周都能聚在一起吃饭就好了。

2. 发酵食物，韩食的基本

　　赵恩熙曾说过，她的使命除了去发现韩食的美与价值外，还要将之传授给年轻厨师。在教导的过程中有一个极为重要的内容，就是要教他们掌握制作发酵酱的方法。她跟我说，发酵食物是韩食的基础，用酱打比方，从大酱、辣椒酱到酱油，经过发酵后的它们，本身就是完成度很高的食物，是制作食物与调味的基本，如甜味、咸味、酸味、甘甜。再具体一些，看韩国的日常饮食：有数不清的用大酱制作的汤物、辣椒酱拌饭，酱油基本上在每道料理里都会用到，以及一日三餐似乎都不能少了泡菜的影子，等等。

她认为，发酵是祖先传承下来的智慧。在合适的自然环境下，植物通过微生物的作用，有机分解和变化慢慢转化成新的物质，是对环境和人类都有好处的制作和储存食物的方法。在韩国，人们一年四季都在准备发酵食物。春天会用大豆发酵成的豆酱饼酿造酱油，夏天腌虾酱，冬天再腌上一年量的泡菜。这种腌渍食品现在又因新得名慢食、地方风味食物而受到关注。

以下是三种赵恩熙很喜欢的发酵食物。

（1）酱油、大酱

把大豆煮软，捣碎制成豆酱饼进行发酵，过了一个冬天，在发酵好的豆酱饼中放入高品质的盐和净水，存入缸中让它再继续发酵大概 50 天，豆酱饼和酱油就会分离，豆酱饼就成了大酱，它含有丰富的蛋白质。

（2）辣酱

韩国开始制作辣酱大约是在 18 世纪辣椒传入之后。辣酱是韩国独特的发酵食品。它广泛使用在炖汤、辣汤、炖菜当中。制作时，在细辣椒粉中加入豆酱粉、麦芽糖水、盐和酱油调味。还有加入其他材料的混合辣酱，比如糯米辣酱、大麦辣酱、高粱辣酱等。

（3）泡菜

泡菜经历漫长的岁月，以多种食材发展而来，现在成为韩国重要的代表性食物。自古以来，就有用盐腌菜的腌制技艺记录，在出土的三国时代文物中就发现了保存泡菜、虾酱等食物的大缸。高丽时期，泡菜中开始放葱、蒜，还出现了水萝卜、萝卜泡菜、酱泡菜等许多泡菜种类。到 18 世纪辣椒传入后，泡菜里又开始加入辣椒。而辣椒的使用使得泡菜能够保存更长时间，而且更激发了碳酸味和发酵味。

为了让人们重新认识发酵食物的美，赵恩熙做了不少努力。在 Onjium，食物里的酱油、大酱、泡菜、虾酱、食醋、酒都是他们自己做的，和其他地方的都不一样，也就是说这些发酵食品中加入了 Onjium 独一无二的味道。另外，他们还尝试制作了加入其他食材的水煮大酱，加了牛肉和蜂蜜的炒辣酱，等等，让逐渐被遗忘的酱料成为食物中的主人公，重新焕发光彩。

通过创作出让年轻人也会欣赏的料理，并让孩子们从小开始接受饮食文化教育，让他们有机会亲自参与制作发酵食物的活动，也让他们多吃点发酵食物，这样可以让他们多了解它们的味道。餐厅也是因此制作了许多发酵食物，他们希望能通过多使用发酵食物，向客人传递发酵食物的美。

◆ 女性、梦想与生活 Q&A ◆

问：在亚洲社会里，成为一名女性厨师很有挑战吗？

赵恩熙：我认为不论是在亚洲，还是在欧美国家，对女性来说都是一个巨大的挑战。因为这份职业需要长时间的工作和努力，体力消耗特别大；而且在婚姻和育儿方面，女性本身就需要承担很多。

问：随着社会的发展，您有看到亚洲社会对女性厨师的态度发生转变了吗？

赵恩熙：如果说以前所有的主厨都是男性，现在女性的比例有增加的趋势。女性主厨也不亚于男主厨，她们在自己的领域里发挥出力量和能力，包揽细致的工作，而且我们也看到，优秀女性主厨越来越多。

问：有对您影响很深的人吗？

赵恩熙：我的妈妈。我从小就觉得妈妈做饭很好，她每天都会到市场买菜，回家就会给我做很多好吃的。多亏了妈妈精湛的厨艺，让我从小就能吃到很多好吃的。受到妈妈的影响，我才对食物和料理感兴趣，我在做菜的时候常会想到妈妈。

问：除了来自您妈妈的影响，还有其他让您成为厨师的原因吗？

赵恩熙：以前在学校里教烹饪的时候，我会亲手示范各种韩国料理，每当看到有人在品尝了我的食物后，表现出来的开心和满足，我内心充满了幸福感，我才发现自己很喜欢在厨房创作料理，于是我从一名教授美食的大学老师，变成一名餐厅主厨。

问：成为主厨和餐厅经营者，是您的梦想吗？什么时候让您觉得实现了梦想？

赵恩熙：我不仅想要创作料理，我还梦想着能在一个空间里可以接触到各种各样的事情，比如：教烹饪、撰写料理相关的书籍、学习和研究传统食物等。我认为 Onjium 这样一个空间，帮助我开启了一个新的世界。

问：Onjium 在国外的知名度不断提升，它会带给您压力吗？餐厅的下一个目标是什么？

赵恩熙：Onjium 一直致力于寻找被遗忘的韩国传统饮食，并用现代手法进行演绎；同时，希望能培养出更多的厨师人才。随着外界对韩国传统食物的认识度提高，我觉得自己更有责任去做好韩食。可是，我的能力有限，所以我认为只有更多的人一起做，才能更好地推动韩食在全球的声誉和影响力。

Onjium 的下一个目标，是进入世界顶尖餐厅阵容，让 Onjium 成为人们了解韩食的一个选择；也期待有更多年轻的厨师在 Onjium 成长起来，然后为世界正确传播韩食。

问：那您的目标呢？

赵恩熙：最近 Onjium 引入了很多的新项目，其中有很多需要与外国进行交流的事情。我希望有一个好的体魄，还有好好研究韩国料理，只有这样我才能更好地把知识教给年轻一代，让他们在 Onjium 有所获。如果我身体健康，我希望能工作到 80 岁。

问：对于新生代的女性厨师，或想成为厨师的女性，您有什么建议呢？

赵恩熙：主厨之路需要付诸很长时间的努力。如果觉得自己真的很喜欢烹饪，那么得做好承受困难且长期坚持的心理准备；同时要通过运动来增强体力，多吃好吃的食物来提高自己的鉴赏力，还要不断学习拓宽自己的眼界；对于那些需要面对婚姻和育儿这样压力的女性，如果能坚强面对和处理，那么只要坚持烹饪生涯，相信是有所回报的。

问：对年轻一代的厨师，您有什么建议吗？

赵恩熙：我认为通过各种方法让年轻人看到传统韩国料理的美味和美丽是很重要的。而好的灵感，来自多看、多吃、多创作，因此我希望他们的眼界放宽一些，比如多关注艺术、文化、人文等，全面地去看这个世界；然后从这些经历和学习中滋养自己，形成自己的料理风格。

问：在休息时间，您通常会做些什么？

赵恩熙：如果是工作日，一般是下班了就回家休息；如果是休息日，我会在家给家人做饭，还有看电影，恢复疲惫的身心。

◆ 酿蒸红鲷鱼与白色蔬菜石锅拌饭 ◆

红鲷鱼，在韩语里被叫作 domi，它在春季最美味。因其鱼肉质地柔软且味道清香，因此不管是以前，还是现在，它都很受欢迎。酿蒸红鲷鱼的做法，主要是往红鲷鱼里填塞各种食材，用稻草捆绑起来后一起蒸，其历史可以追溯到韩国位于庆尚南道巨济市一个名叫 Heo 的宗式家族，代代相传至今。现在 Onjium 的做法，也不会偏离这种经典做法，但为适应现代的饮食需求，会把鱼骨剔除。

（一）酿蒸红鲷鱼

食材

红鲷鱼1条
绿豆芽（去掉头尾）250克
水芹菜（切成3厘米长）170克
新鲜香菇（剁碎）2—3朵
牛肉（剁碎）80克
面粉适量
盐适量
胡椒粉适量

1. 牛肉调料

酱油、糖、葱末、蒜蓉、烤芝麻籽、芝麻油、胡椒粉

2. 鱼馅调料与制作

调料

韩式酱油、盐、葱末、蒜蓉、芝麻油、1个鸡蛋

制作方法

（1）首先把红鲷鱼去鳞，接着把鱼切开，且把鱼骨去掉。
（2）将鱼用淡盐水浸泡30分钟，后把鱼身上多余的水分拍干。
（3）用盐和胡椒粉对香菇进行调味，用旺火煸炒；把牛肉和调料混合，煸炒至三成熟；把水芹菜、绿豆芽、香菇和炒好的牛肉进行搅拌用作鱼馅。

（4）往鱼的内部撒上面粉，再填充做好的馅料，然后用稻草把鱼捆起来。

（5）在一个大锅里放置2—3杯水，往里面放一个蒸锅，把水烧开；把鱼放在蒸锅上蒸20分钟（需要注意的是，蒸制时间因鱼的大小而异），后静置5分钟。

（6）将鱼从蒸锅中取出，切成小块；将之移至较大的盘子里，最后把蔬菜放进去。

（二）白色蔬菜石锅拌饭

典型的什锦蔬菜石锅拌饭，是由不同颜色的蔬菜制作而成的，因此它被誉为"花饭"，意思是花盘，表现了米饭上有由美丽蔬菜创造的和谐美。在Onjium，其以白色蔬菜为主调的白色花盘版本，虽减弱了缤纷的色彩，却突出了朴实、纯净与自然之美。

1. 食材及其处理方法

（1）360克大米，将大米冲洗干净，放在清水中浸泡30分钟，后将其煮熟。

（2）100克桔梗，去皮后将其切成5厘米长的细长条形状。

（3）100克沙参，与桔梗一样的处理方法。

（4）200克冬瓜，处理方法同上。

（5）150克白萝卜，处理方法同上。

（6）50克绿豆凉粉，将之捣碎。

（7）2颗栗子，去皮后捣碎。

2. 蔬菜的调料与制作

> 调料

葱末、蒜蓉、姜汁、芝麻油、盐

> 制作方法

（1）把桔梗放入盐水中擦洗，去除根部的苦味。

（2）在已预热的煎锅中加入适量油，加入蔬菜后进行旺火煸炒，再加入蔬菜调料调味。

（3）另用一锅煮开水，水沸腾后将蔬菜放入进行焯水，捞起并晾干水分后，用盐和芝麻油进行调味。

（4）舀一碗米饭，往上面铺上炒好的蔬菜和绿豆凉粉，加入捣碎了的栗子碎作装饰。

（5）与调味酱油一起食用。

Cheryl：
甜点，越简单越不简单

从法国、迪拜、澳门、意大利、中国香港，
到重返新加坡，每一段的经历，
Cheryl Koh 不慌不忙。
负责新加坡餐饮集团 Les Amis 的甜品料理，
包括旗下米其林三星餐厅 Les Amis。
2015 年，她在集团的支持下联合创办了，
以其名字命名的甜品店 Tarte by Cheryl Koh，
一年后，她获得了"亚洲最佳甜点师"的荣誉。
从不追逐"成为名厨"的价值，
Cheryl 一心只为成为一名厨师。

慢慢来，比较快

"成为一名主厨，我不着急的；
拥有自己的店，我不着急的；
要获得什么成就，我不着急的；
但，我想享受每一段旅程。"

—— Cheryl Koh

当我在 Tarte by Cheryl Koh 见到 Cheryl 主厨的时候，她很忙。因为圣诞节和新年即将来临，而她得同时负责 Tarte by Cheryl Koh 和 Les Amis 的甜点出品，所以那段时间她比平常更忙碌，经常加班加点，可她的脸上始终没有为之厌倦和急躁的表情，我反倒能感受到她对甜点的那股热情，持久而淡定。

其实在还没见到她时，从 Cheryl 稳扎稳打的工作履历，还有身上散发出来的韧性，我以为她是目标感很强的人，那是一种自己设定了目标后，懂得选择最有效的方式和时间的性格特质。当然，后来证明这是一种误解。真实的她，喜欢慢慢来，却始终坚信终有一天能做到。

一边是"慢炖"的性格，一边是懂得万事需要时间与经验的积累，Cheryl 的性格与认知刚好同频，于是成就了水到渠成之美。不管是 10 来岁感受到对甜点烹饪的热情，还是现在 40 多岁离不开厨房，她对待热爱，依然是不紧不慢的节奏。

十六七岁时，Cheryl 跑去了新加坡莱佛士酒店（Raffles Hotel Singapore）做兼职，第一次接触到真正的厨房。18 岁结束高中的学业，当她在大学还是烹饪学校犹豫时，她已经很清楚，自己想成为一名厨师，至少也是从事与餐饮相关的工作。尽管这样，她还是放弃了烹饪学校，而是选择了大学的地理与欧洲研究（Geography and European Studies）专业。

这样的决定，除了是对自身因素考量的结果，也是受到亚洲根深蒂固文化的影响。20 世纪 90 年代的厨艺学校，整体教育水平一般，学费比公立学校贵，就业方向也较为单一，这都让 Cheryl 有点望而却步。相对而言，公立学校的优势更为突出，加上她对自己的要求是拥有好的教育，因为这能帮助她实现独立、自信、自由，以及其他想法。她承认，这种觉得读书会带来更多选择的想法，也是亚洲社会的一种普遍期待，潜意识中变成了一种自然的选择。

因为很早就认定了方向，所以大学毕业找工作，她一点也不迷茫。目标跟当年申请兼职一样，都是莱佛士酒店，但除了厨房，别的部门她都觉得有点意兴阑珊。最终她如愿进入厨房，开始第一份在厨房的正式工作。能做着自己喜欢的事情，本来已经是一种幸运，再有父母的支持，成了一种幸福。Cheryl 说："虽然父母都是非常传统的亚洲父母，内心希望自己的孩子能从事体面、活少、高报酬的工作，过舒服的生活，但因为他们很早就知道我对甜点烹饪的热爱，所以最终也无声地妥协，选择与女儿站在'同一战线'上。"

Cheryl一边在酒店工作，一边寻思着去法国的方法。去法国学习厨艺，是Cheryl在大学时候就有的想法，当时她想如果真的想成为一名厨师，那么必然是要去法国的，那里是法式烹饪的摇篮。她大学的专业，让她有机会学习到很多和法国历史、地理、文化相关的知识，这让她更确定了自己的想法，于是，她报了学习法语的课程，总共学了四个学期。等进入莱佛士酒店的厨房工作，她已经可以使用法语了。

2002年，Cheryl决定辞职，前往法国。她并不是接到来自当地酒店或餐厅的工作邀约，而是申请了法国的语言课程，拿着学生签证去的。那是Cheryl第一次长时间离开新加坡，虽然遇到各种挑战，也尝试了很多的第一次，刚开始的三个月，让她也觉得自己的做法很疯狂，但年轻的她，无畏的勇气大于一切。因为与法国米其林一星餐厅Lasserre的时任主厨Jean-Louis Nomicos曾在莱佛士酒店有过一面之缘（当年酒店总共邀请了五位海外主厨担任客座讲授，Nomicos是其中之一），所以她鼓起勇气敲开了餐厅的大门，这让她获得了在餐厅学习的机会。

Lasserre让她真正进入了法式甜点的世界，也成为她走向世界的起点。两年多后，她离开了Lasserre，先后转战迪拜的Burj Al Arab Jumeirah酒店，Don Alfonso 1890（澳门和意大利），香港的文华东方The Landmark Mandarin Oriental和Cépage。2013年8月，她才回到了新加坡。

Cheryl的每一步走来，看着都在"跑道"上，走得很坚定。她没有着急成名的野心，却对探索世界与自我有着无比的坚定，是因为她的性格，也是因为每一段的经历为她带来更多的底气和自信。

◆ 时令与食材，新加坡与世界 ◆

在迪拜一年之后，Cheryl 一路向南到了澳门，目的地是意大利米其林一星餐厅 Don Alfonso 1890 San Barbato 在澳门的分店 Don Alfonso 1890。此前一直接受法式烹饪训练的她，突然跳到意式厨房，某种程度上需要一种归零的心态。一种完全不同的经历，让 Cheryl 觉得非常有趣，甚至当回想起来时，她认为主厨 Alfonso Iaccarino 对自己启发很大，从那时起，Cheryl 开始思考，到底自己想要进行什么创作。

当下席卷全球的可持续餐桌运动，Don Alfonso 1890 很早就已心生向往了，即使是换到现在，它也做得比很多餐厅还要彻底。第一，推崇从农场到餐桌，在意大利拉韦洛（Lavello）的总店，在附近建了一个属于餐厅自己的有机农场，种植的蔬果用于供应餐厅的日常所需，包括远在澳门的分店，用的也是从农场空运过去的新鲜食材。第二，不使用黄油和奶油等非天然食品。Cheryl 回忆说，刚开始的时候，因为太习惯法式的做法，有一次主厨 Alfonso 走过来跟她说："我知道，你懂得用很好的法式技巧去做甜点，但你现在是在我的厨房工作，应该学习用符合这里的理念和方式进行创作。"从那以后，她开始学习转换思维和方法。第三，时令食材。Cheryl 一开始在澳门，后来有一段时间到了总店去学习。当真正生活在地中海地区时，她才真正领悟出餐厅和主厨 Alfonso 的理念。因为那里有极其丰富的天然食材，橄榄油、柠檬、橙子等，食材本味已经足够丰富，厨师要做的就是运用自然的馈赠，而不是加入非天然的食材。这种出于对自然变化与多样的敬畏和尊重，自此变成了 Cheryl 很重要的部分。现在的她对于食材有高度的敏感，要求自己和她的团队使用最当季的食材，并且要懂得利用手头和力所能及的食材完成创作。

主厨 Alfonso 对 Cheryl 的影响，大于烹饪的范畴，还有更多在于餐厅的管理上和工作方法。比如说，为了保证餐厅的正常运营，需要如何更好地做决定、挑选合适的食材和产品、管理好自己和团队的日程安排、设定目标和计划。Cheryl 说，主厨 Alfonso 经营的一家家族餐厅，他那种用心对待餐厅人与事的态度，让她很受感动。

2013 年 8 月，Cheryl 回到新加坡。依然还是在 Les Amis 餐饮集团工作，同样是和主厨 Sebastien Lepinoy 搭档，主打法式料理。当时的她，对自己的风格有清醒的认知。虽然对经典的法式甜点也很着迷，但在 Les Amis 餐厅，她也不再想把传统当成一种理所当然，而是在经典法式艺术的基础上，创作适合现代人审美的甜点。其中，她有一个无法妥协的要求，就是食材一定要够新鲜和应季。

自 2015 年开业的 Tarte by Cheryl Koh，从甜点创作上来讲，又向前迈进了一步。用 Cheryl 的话来形容，就是更为冒险了。还是坚持一如既往，既要保证有优质的、新鲜的时令食材，还要承诺所有出品都是以它最新鲜、完美的状态出现，重点是即使通过复杂而精细的工艺之后，出品却是平易近人，这是客人想看到的，也是 Cheryl 很想要去实现的念想。

她有时会从食材出发，尝试找出能让食材特质发挥极致的方法；有时也会从烹饪的角度出发，然后找出最搭的食材。但无论如何，最合适的食材，以及食材最好的状态，是 Cheryl 最为看重的元素。

我想，对于厨师来说，在食材的选择上，会受到很多方面的影响，撇开政治、贸易、历史和饮食生活方式来说，其他因素包括全球化、地域性、生产条件，还有个人的烹饪哲学等，都或多或少决定了食材的获得和使用。这时，厨师的态度是关键。

特别是在 21 世纪初期，全球化浪潮如火如荼，也引发了食材的全球化。由于可持续餐桌运动在欧美国家已经有了文化的积淀，所以他们对于全球食材的需求，低于亚洲地区。但过去 10 多年随着可持续餐桌运动的全球蔓延，当然还涉及一些政治和文化的原因，亚洲地区降低了对全球食材的偏爱，反而向本土食材和文化"致敬"。

新加坡，一个东西文化交汇处，决定了它对全球饮食文化具有无法比拟的开放与容纳；而且它面积小，无法满足农业耕种及生产的条件，所以对于他们来说，在过去非常长的时间，全球食材基本上不存在取舍的难题，选择的标准几乎都是一样的，就是只要有好的食材，任何国家的都可以。即使是在最近这几年，当可持续餐桌的理念在新加坡发展势头渐猛的现实下，当地业界依然延续着全球食材的概念，因为这可以算是印在骨子里的文化。

这样一个小小的岛国，虽然自己没办法提供太多，但造就了这样容纳世界的能力。某种意义上，Cheryl 觉得这是非常幸运的事情，因为她不仅可以在很短的时间内，拿到从全球各地发往新加坡的新鲜食材，而且这让她感觉与世界的距离很近。所以，为什么不去好好利用这样的优势呢？

Cheryl 说，可持续的理念，在新加坡得到很多的响应，不管是从政府，还是业界，都可以感受到大家在积极推动它的发展；而且因为受到新冠疫情的影响，人们对于本地农业的关注度更高了。她认为这是一件非常好的事情，所以自己是支持的，在烹饪时会用到一些热带水果、蔬菜和海鲜产品。不过总体而言，她并不会计较食材到底来自哪里。

Cheryl 自认不能代表同行的意见，但她认为在甜点部分提倡可持续，也是很有必要的。同时负责餐厅和甜品店的她，每天都会接触到很多含动物蛋白的食材，它们很多都是用在料理创作上，所以当人们在讲可持续的时候，基本上等同于料理部分的可持续，忽视了甜点。但事实上是，在甜点上，也会用到不少这样的产品，所以也是有必要关注甜点的可持续，比如说，所用的产品是否天然有机，种植者、生产商和供应商是否有环保的意识，食物包装材质是否环保，等等，这些因素都会影响可循环生态链的形成。

◆ 简约，不简单 ◆

在创作上追求食材与简约（Simplicity），让 Cheryl 的创作有高度的辨识度。食材和简约，这两个看起来有点直白和普通的词语，有时未免会让很多人错以为缺少了一些深奥的理念，但事实却是应了那句话，越是简单的东西，难度系数越高。

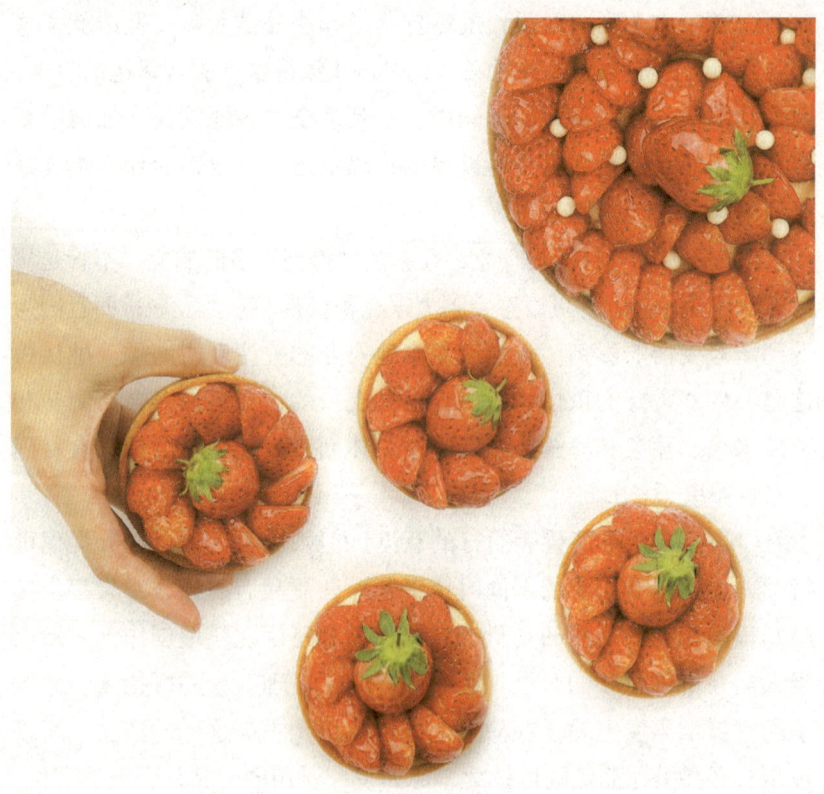

我自己也很好奇，Cheryl 这种在创作时流露出看起来不费力的高级，其背后的逻辑和故事。其实在 2021 年时，我就问过她，当时她引用了 19 世纪、20 世纪法国著名美食作家 Curnonsky（笔名）的一句话：简单，就是完美（Simplicity is the sign of perfection）。

当然，她的追求并不是因为作家说的这句话，而是她多年的自我成长所得。就像很多人对自己喜欢的事情会倾注万分心思一样，而且时间越久，越是想往里头钻，Cheryl 就是这样，恨不得自己能把所有食材都发挥到极致。在这种长年的无限趋近中，她发现额外的食材越多，会让创作变得更复杂，但出品也不见得是好。相反，当把那些原以为需要的食材通通割舍掉，才有可能看到食材最自然和舒服的模样，但这并不容易做到。慢慢地，Cheryl 终于理解"越简单，越不简单"的道理。

"您有受到哪些人的影响吗？"最近这些年，化繁为简在全球料理界变得流行，或许 Cheryl 会有切身的体会。

"没有特定的人，我倒是从以前的大师身上找到了共同点。很多大师的招牌料理，表现方法都有着非常简约却经典的韵味，比方说，Joël Robuchon 的代表作土豆泥，它就是一道用土豆制作的料理。Lasserre 其中一道最为人称赞的出品，就是鸽子。当我意识到这点的时候，思维一下子就打开了，更加确定每一道能代代相传的经典料理，它都必然经受得住时间的考验，而在其料理演变过程中，它是越变越简单，直到极致。对于这点，它真的带给我特别大的影响。"

"您找到属于自己的招牌料理了吗？"

"我不知道。但是，我不停在学习和成长，希望有一天能创作出属于自己的代表作；在那之前，只管坚持和进步就好。有时我会跟我的团队说，每次创作新品时，不管是挞，还是可露丽，我希望能达到的一个理想状态是，一看就知道是我的风格。目前，还在寻找。"

◆ 甜点，是抚慰人心的幸福 ◆

　　料理与甜点，是两个世界，多数是你中有我，缺一不可。尤其是在高级餐厅里，人们对料理的期待会高于甜点，从而为料理创造了强而有力的表达空间，也因此推动了料理的变革。然而，这似乎跟甜点没有任何的关系，每当这时，感觉料理和甜点是独立于彼此的。变革这样的字眼，是一个很宏大的命题。相比之下，Cheryl 从另外一个角度去看待甜点的变与不变。

　　"作为一名甜点师，我觉得甜点是一种治愈人心的食物，能让人感受到愉悦和美好。它并不大需要太执着于演变，才能保持让人产生念想。用中国人吃大米的习惯做类比吧，人们不会在大米上作

'文章',哪怕只是往里加水煮出来的饭,一口下肚后为人们带来酣畅淋漓,甚至是夹杂着乡愁的味道。

"从另外一个角度看,就是当看到有越来越多的明星甜点师往经典甜点里注入新生命,我并不想用'变革'这样的词语去定义它,我认为,他们的做法非常值得鼓励,不仅可以提高人们对甜点的关注度,而且能够为那些想进入该行业的年轻人带来一些启发和动力。所以对我而言,我更看重传承的贡献,因为只有越多的人有热情去学习它,经典的烹饪技术和文化才能很好地保留下来。"

◆ 女性,及领导力 ◆

女性厨师,是一个绕不开的话题。虽然 Cheryl 认为这不是一个值得需要被讨论的身份,但现实中她是非常支持年轻同行的;与此同时,她也希望她们知道,忘记自己女性的身份,成为一名厨师,然后努力实现自己的价值。

之前有一个困扰了我很久的问题,就是餐饮高度发达的新加坡,聚集了来自全球的餐饮人才,但为什么提到女性厨师的时候,却好像寥寥无几?Cheryl 的看法是,她看到有很多女性在厨房工作,但能成为餐厅主厨或者是老板的并不多。她们中有很多要么没想着出名,要么选择低调工作,因此外界知道得并不多。所以,Cheryl 认为很有必要去为她们提供更多的支持和机会。

Kelly Cheah 是在 Tarte by Cheryl Koh 的年轻甜点师,与 Cheryl 共事也有七年的时间。在日复一日的相处里,她觉得 Cheryl 教给了她和团队同事很多,也给予了很多支持。她分享了自己对 Cheryl 的真实感受。

"她对我来说是一位对甜点很有热忱的人,她只想要把它做好。

机会或许会从天而降给某一个人，但是你可能需要更努力地去把握住你的幸运。她很幸运，也很努力；成功并没有让她停下脚步。她教会了我放慢脚步，享受成功的过程而不是盲目地想要成功。到达最高处，然后继续保持才是挑战。甜点师的工作就是要做好吃的甜点，来让大家记得你。保持初心，创造出属于自己的特色。"

另一方面，我看到现在不少年轻厨师野心勃勃，希望早日能拥有自己的餐厅和成名，于是便对 Cheryl 说出的原因有了更多的疑问。她说她也看到现在很多年轻一代，想得更多的是如何去成名，如何去经营自己的社交媒体平台，以及如何去建立自己的影响力。然而，依然是有很多人，不管是新生代还是有经验的女性厨师，她们对自己的职业定位和 Cheryl 一样，是成为一名厨师，而不是明星，每天的工作是制作面包和甜点，为客人带来美好的食物、时光和回忆；相反，有多少人知道她们的出品和名字，都不是她们的主要目标。

另外，Cheryl 提到一个亚洲文化共性，就是它对女性，包括女性对自身，在事业上的期待值，平均低于对家庭的期待。虽说新加坡是"全球文化熔炉"，但它实际有非常强大的传统东方文化。很多行业（如厨师、律师、医生）的女性，她们并没有要求自己成为行业内顶尖的人物，而当她们一旦进入婚姻之后，家庭成了优先项。

关于 Cheryl 的个人与自我成长碎片，我和她进行了以下对话。

问：您是一个敢于表达自我的人吗？

Cheryl：我并不认为自己是。通常，我的天平是在中间位置，我不会过于害羞，也不会张扬。不过我刚好有不多不少的自信，支撑着我去做想做的事情。同样，我也觉得人都应该为自己建立适度的信心，不然很容易会人云亦云，随大流走。

问：在成为女性领导者之前，您会害怕吗？

Cheryl：从来不害怕，我想成为这样的人。以前我就知道我想成为一名主厨，也想管理团队，但至于自己能否成为一名好的领导者，我不敢肯定，现在是一边发现问题一边改进。

问：您如何改进领导力？

Cheryl：我认为和团队有一个良好的沟通循环很重要。

问：方便聊聊您的家庭吗？

Cheryl：我从小在一个大家族里成长，属于很典型的亚洲家庭。除了自家（父母和一位哥哥），我还有很多亲戚，包括叔叔、阿姨、侄子、侄女、外甥等，彼此来往相当频密。

问：大家族里的成长经历，带给您什么影响？

Cheryl：我想我学会了更好去适应不同的环境，还有灵活变通。在大家族里成长，亲戚之间无法避免会发生各种摩擦，所以很自然就学会如何去处理这些问题。

问：这样的经历，有助于您领导团队吗？

Cheryl：是的。团队就是一个家庭，所以需要去处理和不同人的关系。

问：如果不从事甜点师职业，您还想做什么？

Cheryl：现在我没有考虑过这个问题，我觉得自己越来越像一位甜点师，工作已经成为自己生命的一部分，是舒服的状态。但假设某天要更换跑道的话，我会想要从事一些能让我去旅行看世界的工作。因为我大学的专业就是地理与欧洲研究，一直很擅长地理知识；而且在餐饮行业，日常会跟全球不同的风土文化打交道，这些都是能激发我兴趣的事情。

◈ 班兰椰子挞 ◈

班兰椰子挞（8—10 人份）

（一）挞皮

食材

黄油 300 克
白砂糖 40 克
糖霜 145 克
鸡蛋 2 个
杏仁粉 60 克
盐 2.5 克
普通面粉 500 克

制作方法

（1）把所有食材混合在一起，用手或搅拌机将其进行搅拌，直至形成面团。

（2）把面团放进冰箱静置 30 分钟，取出后将面团擀成 2.5 厘米的厚度。

（3）在面饼上切出比挞圈稍大一点的圆形，然后将其做成挞圈。

（4）把它放入冰箱中冷藏至少 20 分钟，接着移至 170℃的烤箱中烘烤 12 分钟，挞皮成金棕色。

（二）班兰精华汁

> 食材

班兰叶 100 克

水 50 克

> 制作方法

（1）把班兰叶洗干净，后将之切成小段。

（2）把班兰叶与水按 1∶1 的比例进行混合，放进料理机搅碎。

（3）将搅碎了的班兰叶移至滤网，过滤出液体，待用。

（三）班兰凝乳

> 食材

椰奶 1000 克

砂糖 400 克

蛋黄 750 克

班兰精华汁 100 克

> 制作方法

（1）将砂糖与蛋黄混合，搅拌均匀，标记为 1。

（2）把椰奶与班兰精华汁一起进行加热，标记为 2。

（3）当 2 即将沸腾时关火，取出一些倒入 1 中，且搅拌均匀，标记为 3。

（4）再把已搅拌过了的 3 倒入加热过了的 2 里，标记为 4。

（5）将 4 倒入锅中，继续煮至变稠，然后用搅拌机搅至顺滑，静置。

（6）糅合均匀后，将其放入冰箱里冷藏过夜。

（四）咖椰奶油霜

食材

班兰精华汁 180 克

砂糖 750 克

蛋白 375 克

黄油 1125 克

制作方法

（1）把砂糖与班兰精华汁一起加热至 118℃，中间当糖的温度达到 110℃时，便开始对蛋白以中速进行搅拌，标记为 1。

（2）把 1 的糖浆缓慢倒入打发的蛋白霜中，继续搅拌直至冷却，标记为 2。

（3）往 2 里加入所有的软化的黄油，后搅拌至呈奶油状质地。

（五）组合

（1）挞皮在经过烘烤，并放入冰箱进行冷藏后，把班兰凝乳抹入挞皮里，后用刮刀将凝乳抹平。

（2）往凝乳上抹上奶油，并画出想要的形状。

（3）如果喜欢，可以用烤椰子片和巧克力珍珠球进行点缀。

庄司夏子：
料理与时尚的天作之合

拥有过人的理性思维，加上有自信和勇敢的磁场，
大步走向世界的庄司夏子（Natsuko Shoji），
为自己和日本女性树立了榜样。
她于 2014 年（当时 24 岁）在东京创立了 Été；
六年后，她获得由亚洲 50 佳餐厅榜单颁发的亚洲最佳甜点师奖的桂冠；
再过了两年，她获得 2022 年亚洲最佳女厨师奖，
同年，Été 在亚洲 50 佳餐厅榜单上排名第 42 位。

2022年2月16日，世界50佳餐厅榜单在其Instagram官方账号发布一则关于"东京餐厅Été日本藉创始人及主厨庄司夏子（Natsuko Shoji），荣获2022年亚洲最佳女厨师奖"的消息，顿时，社交网络一片欢呼。到3月6日，该条消息的点赞数为4912，而在被庄司夏子主厨转发到个人的ins账号后，点赞数也达到了3756，并且获得153条评论，包括René Redzepi、Pia Leon等世界名厨也送上了祝福。

　　得知消息那一刻，我感觉这像在情理之中，但又有一点意外。可能是因为知道庄司夏子主厨一直突破自己创作的同时，还积极鼓励日本女厨师与年轻一代，对行业做出了贡献；然而，这距离她获得2020年度亚洲最佳甜点师的荣誉，也才过了两年时间。

　　因为有与她保持联系，所以我也给她发去了祝贺的信息。随着对她的了解增多，我对她有了更多的好奇。除了她那结合了时尚和

艺术的创作风格外，我看到了更为立体的她，一边果敢理性，一边柔软细腻，有恰如其分的碰撞。无论是敢于突破日本料理与甜品创作的传统，还是勇于成为公众的榜样，不断地给予女性信心去争取实现自己的梦想，并且把可持续餐桌的理念传递给年轻学生，她用行动来证明。

荣获 2022 年亚洲最佳女厨师奖，对于庄司夏子自己来说，也是意料之外的惊喜。她坦言，这个是她的目标，但此前她预估自己实现不了，还需要些时间。但没想到，自己是获得者。当她知道的那一刻，心情激动得几乎要大叫。

◆ 坚忍的性格，源于早期艰难的成长环境 ◆

一个人对他热爱的事情怀有多少感情，看他在关键时刻的行为和选择，就能估摸出个大概。高中毕业后，庄司夏子一直埋头在厨房里工作，拼命成长，直到自己父亲去世，才晃过神觉得不能继续下去，再加上要照顾比她小两岁患有智障的妹妹，她才决定辞去在米其林二星餐厅 Florilège 副厨的职位，然后转行从事其他工作。即使人不在厨房，她对烹饪的渴望，每天都萦绕在心头。终究还是要回应自己内心的声音，尤其是对于性格本来就坚定的人来说，再大的困难也难不过违背自己的心，于是她在自己 24 岁的时候创立了 Été。

曾看过一个对她的专访报道，当记者问她有关梦想的话题，她的回答是，她更加愿意用目标而不是梦想来描述自己的追求。当我追问这个问题时，她的解释是，梦想是一种虚无缥缈的存在，充满不确定性；目标则很具体，它会推着人成长和进步。在公众看来荣誉满满的庄司夏子（而且她的餐厅 Été 在 2022 年亚洲 50 佳餐厅榜单上排名第 42 位），她还有更大的目标，"获得世界最佳女厨师奖"。

目标，侧面见证了她的蜕变史。刚创立餐厅时，20岁出头的她并没有想过成名这个问题，反倒是一心只是想让餐厅存活，把向银行借的1000万日元债务还清，还有养活自己和家人。第一次让她产生成名念头的契机，出现在2015年，当时她四处找做芒果挞的食材，在向20个供应商发出预订请求后，最终只有一家接受了她的预订。那一次经历让她明白，只有自己成名了，才有机会发声，让其他的女性厨师不会受到不公的对待。为此，她为自己设立了一个具象的目标：成为亚洲最佳女厨师。

在餐厅开业后的第六年，她获得了亚洲最佳甜点师的头衔。首次获得来自全球业界顶级机构的认可，她很开心。可等冷静下来，她有了新的领悟：她是一名主厨，兼做料理和甜点（注：能同时擅长两部分的主厨并不多），既然获得了在甜点创作的认可，却也证明了自己在料理创作还不足够优秀。经过两年的努力，她终于实现了七年前对自己的承诺。

庄司夏子身上体现出来的坚韧性格，我觉得有一部分原因是来自她的原生家庭。从小生活在一个并不富裕的家庭，妹妹有天生残疾，爸爸（已去世）长期酗酒，尽管生活困难，但热爱时尚的妈妈常会跟她说："那些没有打倒你的事情，终将使你变得更坚强。"后来每当她遇上难关，这句话总是陪她一起渡过。

与对妈妈的爱不同，庄司夏子对爸爸的爱是复杂的。"可能因为妹妹的病，记忆中的爸爸脾气暴躁，喝着最便宜的威士忌，穿着一样的衣服，"她当时和爸爸的关系很不好，极想逃离，"直到他去世，我才发现家里的房租都是他负责交，才终于对他产生了尊重的感觉。毕竟，他让全家人有了家，不管境况如何，都是可以生存下来。"

◆ 把时尚搬进料理创作 ◆

因此前庄司夏子在 Florilège 的工作经历,让 Été 从未开业就受到关注。最初期的 Été,因为缺资金,加上庄司夏子年纪尚小(年长的人不愿意跟她合作),所以几乎找不到合适的人组团队。于是,她问自己应该如何做,很快她就想到一个办法,就是创作人们从来都没有见过的甜品。严格意义上说,2014 年的 Été 的主要出品是高级甜点,因为与众不同,所以知名度蹭蹭蹭地往上涨。到了第二年,赚到了一点钱,就正式将 Été 升级,成为一家餐厅。

除了每天晚上只专注服务一桌客人的态度,她最为人知的是把时尚艺术放进甜点和料理的创作。她并非刻意而为之,只因是藏不起来的热爱。从小受妈妈的影响,她对时尚艺术有着本能一样的敏感和敏锐;当她在烹饪的世界做平行对比时,她相信自己能创作出时尚料理。

"您是怎样把时尚带进料理里的？"我问。

"比如说，有一次爱马仕在日本举办小型的展览活动，我以VIP的身份应邀参加了活动。当我看着正在展览的高级珠宝，我想到了日本的食材。对我来说，日本的食材和珠宝一样，很是珍贵。后来在千万种食材里，我选了日本本国产的鱼子酱创作了法式鱼子酱千层酥，我觉得它就像黑钻，因为不管是食材的产地、品质，还是制作手艺和过程，要求都非常高。也是那次的经历，让我意识到，自己想让更多人认识和欣赏日本传统手艺的迷人。"

时尚无界，庄司夏子的料理创作亦是。每一次的碰撞，都为下一次的惊喜埋下了伏笔。

◆ 成为女性榜样 ◆

作为女性，庄司夏子对这个性别有着天然的身份认同，而生长于日本这样一个女性文化仍偏封闭的国家，并且恰好从事的是一个以男性为主导的行业，关于女性的艰难、自由与追求，她有着更为深刻的感受。所以，她以身作则，用实际的行动来影响日本的年轻同行。

2022年2月，世界50佳餐厅榜单首次发布中东&北非版，颁奖礼地点位于阿拉伯联合酋长国首都阿布扎比。庄司夏子不仅作为主厨，而且是以女性顾问委员会（由世界50佳餐厅榜单创立）成员身份，应邀前往参加。除却颁奖礼，日程表上还特别设置了女性厨师交流活动，其间庄司夏子分享了她的主厨之路，让在场年轻的女厨师深受鼓励。

"很多人问我，为什么不把餐厅扩大和扩张？每一次我都说，不。一直以来我的想法是，如果我的餐厅是一家小的餐厅，那些年轻女性（甚至还在学校里），看到后（可能）会有启发：即使是小而美的餐厅，也是可以成功的；哪怕年轻的自己力量还很微弱，但依然可以获得认可。"

在影响别人的同时，自己其实也受到其他前辈的影响。庄司夏子在一次采访中提到她的一位导师：香港米其林二星餐厅TATE Dining Room的创办人兼主厨刘韵棋（Vicky Lau），有一次她到餐厅用餐，看到刘韵棋的小孩在厨房旁边的（特意为小孩玩耍腾出的）小角落嬉笑打闹，那一刻她不仅反思了以前的想法，而且好像看到女性厨师的将来。从前，庄司夏子认为，身为女性餐饮经营者兼主厨，每天异常忙碌的日程让她无限顾及结婚、生小孩等个人生活的事情，但这些自己错以为的不可能，在刘韵棋那里都实现了。而且，这甚至让她开始去思考，自己怎样去建立一个能让更多女性厨师受益的可持续系统和平台。

庄司夏子希望在自己全是女性的厨房团队中，创造出一种氛围和文化，让团队每位成员都能同时兼顾厨房、家庭和个人生活。厨房以外，她也鼓励自己去帮助更多的年轻女性厨师，比如：为她们开餐厅提供财物等支持。

2021年12月31日，我收到庄司夏子的信息，她和我分享了她一直在参与的可持续发展项目。受到名厨Dominique Crenn在可持续餐桌所做贡献的启发，还有回应联合国于2015年推行的"联合国可持续发展目标（Sustainable Development Goals，简称SDGs），她已携手自己的母校Komaba Gakuen High School，发起了反对食物浪费的行动，以期让年轻一代学习明白可持续的重要性。

合作启动后，他们在学校里安装了一个生物基食物残渣处理装置，它可以把从学校厨房和其他烹饪部分收集的厨余垃圾，进行回收并分解成有机液体肥料，之后把肥料运到学校自建的农场，用作种植蔬菜的养分。当蔬菜有所收成时，不仅可以供给学生做实验用，还可以作为新鲜食材供应给学校食堂。据项目统计，他们在2020年回收了4.5吨的食物残渣，他们的目标是争取到2026年增加到13吨。

每年，庄司夏子都会回到学校，亲自给学生上课，分享与可持续相关的内容。

Garima：
现代印度料理

2018年11月，年仅31岁的Garima Arora成为印度历史上第一位米其林餐厅女主厨。
她于2017年春在曼谷创立的现代印度料理餐厅——Gaa，
摘得2018年曼谷米其林指南一星餐厅的荣誉。
过了不到半年，她迎来了更多的高光时刻，
不仅获得2019年亚洲最佳女厨师的头衔，
而且Gaa一跃跻进那年亚洲50佳餐厅榜单的第16位、世界50佳餐厅的第95位；
2021年，Gaa在亚洲50佳餐厅榜单上排名第46位。
在2023年12月，2024年度泰国米其林榜单发布，Gaa晋升为米其林二星餐厅。

因为 Garima 彼时在印度参加关于印度顶级厨师节目的拍摄，我与 Garima 在曼谷的见面，比原计划推迟了一周。那天在她的现代印度料理餐厅——Gaa 见到 Garima 时，她已经在餐厅里忙前忙后，完全看不出彼时（2022 年末）的她已经有五个月身孕。她摸了摸肚子，露出准妈妈的幸福笑容，说自己之后还是会继续到印度参加未完的节目拍摄。

◆ 自律性与轻松感并存 ◆

忙碌的日常，并没有让 Garima 变得紧绷，反而感受到一种难得的松弛感。看着满脸笑容的 Garima，我问了一个不合时宜的问题："有让你感到忧虑的事情吗？"基于我自己的理解，经营餐厅并不能很容易获得高回报，但却需付出很大的人力物力；加上餐饮市场变化

很快，要求餐饮经营者和厨师团队及时关注市场动向；而过去两三年受新冠疫情的影响，受挫的餐饮业让很多经营者变得更谨慎，担忧感也未免增多。

对此，Garima 有同感。她说疫情比较严重的那段时间，餐厅开了又关，影响了正常的运营。太多的不可控因素，难免会带来压力，但对 Garima 来说，既然她无法控制，那么就不杞人忧天，准备好几种方案去应对是她可以去做的事情。换句话说，Garima 不是一个容易陷入胡思乱想，给自己添堵的人，她会把日常的压力和忧虑，看作是生活常态，解决不了的时候，共处也无伤大雅。

Garima 把自己这种乐观和积极，归功于自己有很强的条理性和计划性。"我有把所有事情提前做计划的习惯。我的生活非常忙碌，这也迫使我事先把计划安排妥当，"Garima 说自己把计划做好后，就会一门心思把它落实，"这样会让我感到轻松。"

她的理由很有说服力，不过我相信，她身上流露出来的松弛感，有着更多的故事。特别是当她说出，怀孕是在她的计划之外，但她仍欣然接受孩子的到来，并至今没有为这没有计划的人生大事而感到紧张与担忧时，我有一种感觉，这与她的成长环境有很大的关系。

此前，她自己也没有特别去想这个问题。所以，她最初的回答是："我不知道为什么会这样，但我就是很自然就这样。"直到提起她的爸爸妈妈，她才想到应该是受到他们的影响。"我爸爸是一个非常自律的人，而我妈妈完全相反，她的性格比较无拘无束。我想我自己身上这种一边有条理一边轻松的性格，是这样来的。"

◆ 危机也是转机 ◆

新冠疫情带来的挑战，最直观的是影响餐厅的正常营业，而更大的危机是之前投资者的意见分歧。疫情之前，Gaa 总共有五位投资者，除了 Garima 是负责餐厅的运营和出品外，其他投资者几乎不参与其中，所以在疫情发生前，一切都很顺利。然而，疫情让他们对餐厅的信心骤降，经过重新评估后，他们全部人决定退出，最后 Garima 成为 Gaa 的唯一投资者。

"我很相信一点，就是等疫情过后，餐厅一定会恢复的。"对于前投资人的决定，Garima 是很能理解的。事情既然在那个时刻发生了，她觉得可能是时机到了，也是一件好事，"这是一个非常大的转折点吧。"

瞬间为自己增加了作为餐厅经营者的责任，Garima 也有点束手无策，可她乐意接受这种变化，并为此作出改变。我问她："你当时内心很挣扎吗？"她答道："人生是一个不断挣扎的过程。如果你选择逃避，那么最后多半是痛苦的；可如果你选择学习享受这种挣扎，那么或许会得到不一样的结果。对我来说，挣扎的过程很有趣，因为它让我觉得我在解决问题，当我渡过难关那一刻，就会很开心。"

Garima 把这种痛苦的挣扎看作运动的过程。她自己是一个运动爱好者，平日里只要有空，她最常做的事情要么是陪她的狗狗，要么就是去锻炼。所以她很明白那种经过坚持之后，大脑释放内啡肽带来的舒畅和愉悦感，还有身体充满能量的体会。"人生也是一样，在解决问题的时候，我们感受到压力；一旦被我们看到希望，整个世界好像又被点亮了。"

从 2022 年下半年起，疫情的阴霾逐渐褪去，餐厅的运营也恢复良好。我不知道跟疫情前相比，餐厅的生意是否发生了很大的变化。但在我到访的 12 月份里，Gaa 还有其姐妹餐厅 Here（于 2021 年底开业）的预订情况都很好。

虽然新冠疫情为餐厅还有 Garima 带来很多的变化，但她致力于用印度烹饪艺术去演绎全新印度饮食文化的烹饪理念始终不变。

◆ 100% 印度烹饪技术 ◆

"当下流行的'现代料理'一词,你有什么看法?"我问。

"我认为现代料理的根基是传统,以印度料理为例,它经过了1000多年的传承和演变,才得以传承至今。"Garima 回答。

"可是你的现代印度料理,其中一个核心是 100% 使用印度烹饪技术,这与主流的把西餐烹饪融入本土饮食文化的创新,有什么不同吗?因为最近这几年,特别是在大中华区,新生代的年轻厨师几乎都专注在后者的创作上。"我继续追问。

"本质上,美食的演变,与人类语言、文学、艺术等方面的进化是相通的。不管是哪个年代,人们本能就懂得汲取不同的文化,从西方到东方,然后找到适合当下的审美观。美食,作为其中一个范畴,放到人类历史长河里,只是其中一部分,而现在的我们,只是在一个时间节点里的小插曲。因此,随着厨师阅历和见识的增多,会形成自己对食物的理解和创作,虽然会各异,但方向是一样的。"Garima 回答。

"那为什么你坚持 100% 印度烹饪?"

"我认为,印度料理本身的历史和文化就很悠久和丰富,已经足够让像我这样的厨师,去重新挖掘并创新。所以,我不认为有必要借用其他的料理内容。"可以说,这也是 Garima 对自己的身份认同。

2017 年，Garima 在曼谷创立 Gaa，以此来表达自己的现代印度料理概念：彻底运用印度烹饪艺术，兼容泰国本地食材。我不知道，当时的 Garima 在深信自己信念的同时，会不会也有一点担心？毕竟，放弃使用由西餐烹饪艺术主导的观念，即便放在今天，也不是主流。

我认为 Gaa 是 Garima 在她烹饪生涯的一个极其重要的转折点。因为 Gaa，Garima 终于有了冒险的舞台，也可以勇敢地让全世界看到，传统印度饮食的深厚积淀，以及它是可以摆脱西方烹饪艺术而自成一派——现代印度料理。

在 Gaa 之前，Garima 在名厨 Gaggan Anand 的同名餐厅 Gaggan 担任副厨。作为分子料理继承者，Anand 凭一己之力把印度分子料理放到世界美食版图，这让我先入为主，猜测着 Garima 可能也会受到 Anand 的影响，或者是对其他食物科学和技术有偏爱；但得到的答案是否定的，因为印度已经装满了她想要的养料。

Garima 一头扎进印度，试图打开眼界，当在一些学者研究中发现了食物相斥搭配（Negative Food Pairing）理论时，她相信自己找到了入口。"你看，每种食材都含有风味物质，所以当我们在享用食物的时候，其实味觉和嗅觉都受到刺激，而且有 80% 的感受是来自嗅觉。进一步说，如果某两种食材能相搭配，说明了彼此含有相似的风味化合物，用番茄和芝士做例好了，虽然两者看起来有天壤之别，但本质上它们有很多相似的风味，于是我们在很多料理里都会看到。然而，印度料理很特别，它并不依赖相近相吸理论，反而容得下相斥的风味。看看印度料理中常见的生姜和大蒜吧，除了自带辛香味外，就真的可以说一个向左走一个向右走，但惊喜的是，最终走到了一起。"

这让我联想到当天享用的一道榴莲料理。榴莲与咖喱这两种食材，它们各自有着非常鲜明的个性。虽然都是散发出极强的刺激性气味，但从嗅觉上判断，两者的气味相差甚远，而甜香出众的榴莲与咸鲜厚重的咖喱，味道也截然不同。可是，这两种天差地别的食材，偏偏能发生一种美好的碰撞。Garima 的创作方法是：轻烤榴莲块，用辣椒与生芒果粉对榴莲进行调味，再往上面一层抹上一勺咖喱，佐以几种自制的腌菜，最后往经过泥炉（Tandoori）与炭火烘烤成的印度饼上舀上一勺榴莲咖喱，再加点腌菜就可以。质地绵软而风味不同的榴莲咖喱，恰恰由于其丰富的口味，大大提升了整道料理的风味特征。

得益于这个已经存在有数千年，却可能被遗忘了的传统，Garima 找到了让她连接传统和现代印度料理的一个关键点。除了相斥搭配外，"本能烹饪"是驱动 Garima 创作的根基。"本能"这个词，有一些随心、天马行空，以及不着边际的天真，但同时，它回归了起源与根本，加上后天的经历所得。对于 Garima 而言，印度就是她自己的身份认同，是天生还有长期生活经历形成的文化认知；后来的职业经历，包括在法国巴黎蓝带厨艺学校，还有在名厨如 René Redzepi、Anand 的餐厅里工作，是通过训练而来的。"我们的烹饪并不依赖于科技，反而是建立在一种积累和文化的基础上；这种本能灵感的基础，本质上说是已经存在了数千年历史，有时是一种古老的技法，有时又可能是一种食材。"

从这种逻辑上讲，100% 的印度烹饪，对于印度人 Garima 来讲，是再正常不过的事情；只是在全球业界被西餐烹饪艺术长期主导的状态下，它好像被当成一种另辟蹊径。虽然彼此有天然的联结，但假设没有对印度整个国家的烹饪有长久而深刻的学习，或许还欠些底气，所以 Gaa 开业初期，烹饪手法是有限的，但 Garima 就像泡水的海绵一样，疯狂地汲取从四面八方得到的知识。她把曾经作为记者的思考方式，运用到这种探索上，当她从专业人士如教授、历史学家、学者、美食家那里挖掘了信息后，再从中提炼出有效的系统，最后变成自己的思考。

◆ 探索印度料理的真实性与多样性 ◆

（一）香料饮食

身为印度人，Garima 为之自豪。她觉得这个国家辽阔而富饶的土地，数千年来孕育和沉淀了丰富的饮食，不管是被保留的经典，还是被遗忘的传统，都值得被善待。对此，身为厨师的 Garima 更能领悟到，它能给予业界太多创作与传承的意义。因为印度人从小就会吃到各种不同的味道，而且对酸度有很好的感知力，很多的印度厨师好像天生就懂得运用各种配料，即使有些看起来不可能放在一起的，但最后却能迸发出惊喜。

因内心自豪带来的责任感，是想藏也藏不住的，我想这也是 Garima 从未停止探索脚步的驱动力。"我想通过自己对印度的理解，让人们认识和了解印度料理的真实和多样。"

（二）融入泰国风土文化

在把印度传统变成现代料理的创作中，她想到了在厨师之路上对她影响最大的老东家 Noma。在 Noma 之前，是没有丹麦料理（严格来说是北欧料理）这种称呼的。直到 2004 年，Noma 用不同的烹饪方法，包括法国经典的烹饪，还有日本的发酵和腌制方法，等等，对丹麦本地的独特风土和生物多样进行了全新诠释，最终演变成现代丹麦（北欧）料理。这种理念与 Gaa 有异曲同工之妙，用印度烹饪来表现泰国在地食材和饮食，同样也会碰撞出全新的料理，这就是 Garima 的现代印度料理。

随着 Garima 对印度传统烹饪知识的加深，Gaa 的料理风格一直在演变。尽管她认为还没达到她的期望，不过她认为现在与初期有了很大的变化，就是超过 80% 都是使用泰国本土的食材。

运用泰国本土食材，从一开始就是 Gaa 的核心。印度和泰国两个国家有相近的气候和文化，像常年炎热、离不开香料等，所以 Garima 用敏锐的触觉去发现两国饮食里"和而不同"。比如菠萝蜜，泰国人不熟不食，但印度人就喜欢生吃；又比如苦叶，泰国人喜欢咸味，印度人就钟爱甜味。这些差异，Garima 觉得都很有趣，然后通过细腻的方式去解读。

（三）蔬食生活

其中一个能把两国饮食串联起来的，就是印度烹饪中对鲜味的掌控。由于泰国常年盛产各种新鲜蔬果，所以 Garima 想到把印度善用鲜的诀窍，巧妙地注入对蔬果的料理创作中，她发现效果非常好，因为很多客人在用餐时，都很享受蔬果之美。现在在 Gaa，蔬菜作为主菜，是平常事，甚至蔬食在餐单上的比例达到 80%。

这让我想到印度存在已久的素食生活方式，还有当下全球流行的蔬食潮流。虽然无法去追溯这股风潮的开端，但经过一系列世界名厨，比如有"全球料理之父"之称的 Alain Passard、纽约米其林三星餐厅 Eleven Madison Park 的老板兼主厨 Daniel Humm 等的推动，（精致的）蔬食生活方式越来越受关注。所以，当我问 Garima 她的看法时，她也知道这在当今是一个全球在热议的话题，但对她自己来说，不管它是不是受追捧，蔬食文化一直是印度人的日常，上到王室，下到平民百姓，祖祖辈辈都是这样。

玉米，也是在"风味"套餐上的一道料理。它的原型是印度的一种叫 Bombay Butta 的食物，其实它就是烤玉米棒。通常，人们把新鲜的玉米棒摘下来，剥开外皮后把它放到炭火上，再加上一点盐巴、柠檬汁、辣椒粉等，烤好后的玉米棒夹杂着清香、咸、辣，还有炭火香。

它在 Gaa 的版本，保留了传统烤玉米棒的内核，仅仅做了一点的改动：选用更为细嫩的玉米芯，用黑盐、青柠汁和辣椒粉进行调味，再佐以玉米黄油一小碟。这样一道风味丰富却又简单清爽的玉米，本来已经能作为一道独立料理，却也能很好地起到连接的作用，为进入味道浓郁的主菜部分做好准备。

在提及下一步的计划时，她说希望新冠疫情的阴影能尽快褪去，这样她就能重启"行走印度"的计划，让她把更多印度烹饪的精华带回泰国。

❖ 印度饮食田野调查行动（Food Forward India）❖

当我试图去勾勒出一些关键点时，发现由 Garima 发起的印度饮食田野调查行动（Food Forward India），对她而言是一个大的转折点。2019 年 10 月 17 日，Garima 在她的家乡孟买举行了主题为"印度美食的未来"的揭幕活动，宣告这个围绕印度美食展开的非营利项目正式启动。

人，始终是最重要的。很快 Garima 就发现，每位参与者在分享各自的印度美食故事和关系时，信息如滚轴一样越滚越多，她对印度也有了更深的认识。其中让 Garima 感触最深的是，不管是餐厅厨师、家庭厨师，还是私厨，他们对印度美食有着丰富而独特的理解，他们不仅为自己的美食传统和文化感到自豪，而且很想要将之保留和传承。

除了交流分享外，行走印度也不可或缺，这样有更直接和深刻的感知。有一次她到了印度南部的特伦甘纳（Telangana），当地人在言语间流露出来的天然的自信，村里的小孩在粘着大人快乐吃喝之外，也不忘学着模样。她一路上还受邀去了不少的私厨用餐，在朴实和家常的味道中，感受着恍如在餐厅用餐的讲究。这一切让 Garima 看到，这就是真实存在的文化，它不喧哗，却在热气腾腾的生活中，一代一代地传下去。

Garima 发起这个项目的初衷，是想建立一个平台，集众人之力去重新发现、分享和保留印度传统的烹饪文化和技术。为此，团队制定了具体的计划和目标：争取到 2025 年，建立一个超过 10 万人的社区网络，助力打造至少 10 个美食旅游目的地项目，通过在世界一流的研讨会上展现多样的印度美食，挑选出 10 名外国印度美食大师，将合作网络扩大到 300 个以上，与印度旅游组织和相关非政府机构进行密切合作，让人们对印度美食有更深层次的认知。

2020年初，新冠疫情蔓延全球。本应进展顺畅的项目，在完成了二月份的两场活动，包括到印度南部特伦甘纳邦去考察当地乡村、部落和城市地区的食材、菜肴、烹饪和保存方式，以及在印度第六大城市海得拉巴举行对特伦甘纳邦美食文化的面对面研讨会之后，就暂停了线下的活动，继续保持线上的交流，期间不定期举办线上研讨会。

差不多三年过去了，我向 Garima 了解项目的最新动态。她说，随着 2022 年下半年泰国和印度的政府对疫情防控政策的松绑和开放，各种商业和文化交流活动也随之恢复，她也正在重启项目，可还需要时间和人力去把具体项目落实。

◆ 新一代印度料理，与年轻厨师 ◆

因爱而生责任，这是我从 Garima 身上感受到的气息；特别是听到她说，自己已经不需要特意去做些什么去影响别人，话语中散发出的信心，让我看到她强大的内心。

过去这几年，她已经看到有越来越多的印度厨师，开始反思过往高度依赖西餐烹饪方式，并回头去找自己的国家拥有的（已有数千年历史的）饮食，哪怕是一些被遗忘或濒临消失的烹饪方式和食材。他们都希望能创作出真正能表现自己风格，以及能表现印度饮食的现代料理。

除印度本国之外，泰国也是新生代印度厨师的扎营地。这让我联想起去年在采访一位三星米其林餐厅创始人兼主厨时，我问他亚洲哪些新兴地区会受到全球业界的关注，他说曼谷，其中一个原因是整座城市充满生命力，正吸引着各地的年轻厨师前往。

Garima 没有一一列举，但她肯定了现在在曼谷，有很多像她一样，运用印度传统烹饪来创作现代印度料理的厨师。或许他们选择曼谷的原因各异，但无一不被两个国家的"同而不同"强烈吸引，包括天气、人、语言、思维模式等，这种天然的亲近能让印度厨师更巧妙地运用两国料理。

因为有了他们，全球对印度料理才有了改观，而这些新生代或下一代的印度厨师，有责任带来更多的改变。我曾看过 Garima 在某媒体专访中提过，印度料理，将会成为继北欧、南美料理后的下一个全球美食热点，同时会冒出一批顶尖的印度厨师，"这只是时间问题，或许再过四五年时间，但会出现的"。

◆ 茶叶沙拉 ◆

这道包含 11 道食材的食谱，是 Garima 的外婆流传下来的秘方。从前，外婆住在印度的阿萨姆邦，因为那里距离缅甸很近，因此两地的饮食也互相影响，而这道菜是她对缅甸街头小吃——茶叶沙拉的改良版本。在 Garima 的成长过程中，有很多关于这道菜的美好回忆，其中印象最深的是，以前在周日的时候，家人会聚在一起开心

地享受早午餐。这道菜制作起来并不复杂，但 Garima 觉得好像这道菜是让家人团聚的理由。而且现在的她，越来越喜欢简单的食物，这也时常让她想起家人。于是，在配方的基础上，Garima 加入了一点新意。

食材

姜末 1 茶匙

融化了的印度酥油 5 茶匙

鹰嘴豆 1/2 杯

鸡豆粉 / 烤鹰嘴豆粉 1/2 杯

生木瓜（捣碎）10 汤匙

米 1 汤匙

煮熟了的土豆 1/2 杯

红辣椒粉适量

酸橙适量

薄荷适量

盐适量

制作步骤

（1）将大米、磨碎了的生木瓜、土豆和鹰嘴豆拌在一起。

（2）把鸡豆粉、红辣椒粉、盐、姜末、酸橙汁和酥油混合并搅拌均匀。

（3）上桌前用薄荷做装饰。

赵希淑：
"韩国料理教母"的传统与现代料理

作为韩国较早一批女性厨师，
至今，赵希淑（조희숙，Cho Hee-sook）仍活跃在公众的视野。
她数十年如一日地研究和传承韩国料理文化，
被韩国人尊称为"韩国料理教母"。
从未想过开餐厅，
可她也逃不过命运之轮的安排。
虽是短暂的一段经历，
却为她带来有意义的认可。
她获得了 2021 年度米其林导师厨师奖、
2020 年度亚洲最佳女厨师奖。

在还没走近赵希淑的时候，我对"韩国料理教母"称号的理解仅仅停留在字面意思，就是对韩国料理做出很大贡献的人；虽然现在也说不上有多深刻，但走近之后，我的认知变为：一位一生致力把韩国料理文化进行传承，并带向世界的传奇人物。

1983年，赵希淑正式开启了烹饪生涯。那个年代的酒店高级餐饮，几乎清一色是法式和意式餐厅，而本国的韩国料理却难登"大雅之堂"。在大众对自己的料理都缺乏自信的年代，赵希淑已经有独到的想法，她坚信人们对韩国料理的刻板印象需要被打破，而且值得拥有高级韩国料理。

2019年，她接手了Hansikgonggan，成为老板兼主厨。即使从来没想过成为一名餐厅经营者，可怀着传承韩国料理的仁心，她最终接受了邀请。有点遗憾的是由于受到新冠疫情的影响冲击，餐厅于2021年宣布停止营业。

尽管餐厅暂告一段落，但赵希淑想要把韩国料理传承给年轻一代的初心不会变。

◆ 现代韩式宫廷料理 ◆

很多人会把赵希淑与"传统"绑定在一起，认为她只专注于传统料理，而她觉得这是一种误解。自20世纪80年代入行至今，不管是寺庙料理、家庭料理、朝鲜料理，还是古籍里有记载的料理，她都感兴趣。到了2019年，她接手韩食餐厅Hansikgonggan时，选择了以现代韩式宫廷料理为主的理念。

外界把赵希淑的料理与"传统"等同起来，我觉得其中一个原因是：她创作的根基是韩国料理，而所有的烹饪技术和表现手法，都是为了衬托出真正的韩国料理，也符合现代的审美和需求。这种从创作初衷到成品都不偏离韩国饮食文化的内涵，很容易让人贴上

"传统"的标签,同时她在创新上的独特性也被忽略。而当时的韩食餐厅大受欢迎,正是离不开她把传统与创新巧妙地连接在一起。

当时赵希淑之所以会选择朝鲜王朝(Joseon dynasty)宫廷料理,一方面是因为至今仍能找到关于那个年代的史料记载,甚至能找到老一辈的人亲口讲述王朝的饮食历史;另一方面是虽然有史料记载,但对于现代人来说,寻找史料是非必要的事情,哪怕是对于感兴趣的人而言,这是需要下功夫的。

赵希淑自然是被朝鲜王朝的宫廷料理吸引的,不然也不会从入行就开始研究。在那个年代,韩国料理主要分成两类:宫廷菜和平民菜。跟所有其他民族一样,韩国的皇室贵族对每日饮食同样是有极度严谨和精细的讲究,精致与优雅成了一种共识。

食材,是最基本且重要的一环,当时的御膳房每天都得从全国各地搜罗最好的食材。每一道菜肴的制作都费时费工,可以说是旧时高级饮食的最高要求;每逢皇家宴请,御膳房就更为忙碌,压力也更大,但也正是皇家这种对食物抱有极高敬意的心,才为后世留下了珍贵的史料。

在从传统走向现代的过程中,韩国传统美食研究协会(Korea Traditional Food Research Association)的主席 Lee Mal-soon 对赵希淑的影响很大。Lee 不是宫廷料理的专家,但对历代的权贵家庭料理有很深的研究。由于两者有重叠,所以 Lee 对宫廷料理也并不陌生。最重要的是,Lee 能真实还原旧时的老食谱。即使有很多人说还原老食谱,但如果不是真的曾经见过、吃过,抑或极度了解,事实上还原出来的与原版是存在偏差的,但 Lee 可以做到。有了 Lee 的真实还原,赵希淑才能更好地把自己从古籍上看到的老食谱,跟现实联系起来;以此为基础,赵希淑才可能把自己的想法注入老食谱里。

跟全球其他现代料理相似,现代韩国料理也主要有两个方向:一边是新生代主厨把西式的烹饪技巧和文化,运用在韩国饮食文化的料理创作上，它的表现方式和风味有很多西餐的痕迹；另一边是以韩国料理的传统和风味为主旨，但会适度借鉴现代表现手法，融入一丝符合现代审美的创作。很明显，赵希淑是属于后者。

我不知道韩国的具体情况，但据我对中国国内的现状了解，对于多数有数十年中餐烹饪经验的老师傅来说，把现代元素和经典食物融合在一起，真的是充满挑战。特别是前些年，较为普遍的现象包括：把昂贵的进口食材与中餐食材进行堆砌；把一些流行的西餐烹饪技法（分子料理、低温慢煮等），嫁接到中餐烹饪上。可喜的是，这几年情况已经好了很多，甚至出现了用中式手法和美学来创作现代中餐，但无法避免的事实是，有经验的老师傅在寻找现代时，难免经历一番挣扎。

不过，赵希淑觉得她好像从没陷入这种困境。她没有具体分析各种原因，但从我们的对话里，我找到一些原因：她坚持传统，但她从没有陷入传统，而且她对于运用现代元素提升传统的方法，怀有欣赏的态度。就像她曾说过，她被宫廷料理那种费时费工的食物烹饪所吸引，但她并没有执念，而是在保证出品品质的情况下，鼓励使用更有效率的烹饪方法，就像她并不介意为自己的韩式厨房增添西式厨房的色彩。

赵希淑也不同意一些同行说的，必须要遵循传统的看法。她认为，唯一不变的就是变。如果有能让料理创作变得更好的方法，那就真的没有必要尽信传统。

（一）韩国料理多样性

在 Hansikgonggan，赵希淑将其累积整理的丰富传统料理知识充分施展，呈现精致且个性化的食物。"很多人都认为韩国菜又咸又辣，譬如烤肉、泡菜、拌饭，这些流行全球的菜品确实如此，但它们只是韩国菜的一个很小组成部分。"时令食材、地方物产、不同季节的发酵品，她在餐厅引入"慢食"概念，希望带客人在喧嚣繁忙的城市生活中暂缓脚步。"很多客人吃了我的菜后，都感到惊讶，问我，这真的是韩国料理吗？"

其实不管是用什么方式，赵希淑想要达到的目的是，让食客改变对韩国料理的刻板印象，以及分享真正的韩国料理，包括本土季节性的食材、发酵艺术、共膳传统和慢食文化。

（二）如果重来一次，可能不会把餐厅关掉

从全盘接手到亲自关闭 Hansikgonggan，时隔也不过一年多的光景。其间曾经历过的高光时刻，她如数家珍，却也接受过现实的教训。人过半百的赵希淑，虽心能抵大小风浪，但闭店为她烙下了抹不去的伤痕。

回头再看当初，如果当时再年轻几岁，赵希淑可能会选择继续把餐厅经营下去。如果再给她第二次机会，她或许不会再做同样的决定，而是先暂停一段时间，然后重新营业。如果餐厅还开着，那么她就可以继续完成她想把韩国料理传播并传承给新一代的心愿。可事情已经发生，而且当时因为新冠疫情为餐厅带来负面的影响，很多事情也在她的预料之外，再三衡量后，她才做了闭店的选择。

"我没有想过会发生这样的结局，但一切发生得非常突然。闭店这件事情，让我最为伤感的是，我觉得亲手给自己的烹饪生涯画上了句号。"

"从业几十年，我从来都没有开餐厅的想法和计划，可既然契机出现，也就接受了。我也没有想过要赚很多的财富，所以后来餐厅在营收状况欠佳的日子里，我也持比较乐观的态度。我之所以会开餐厅，是想要一直研究韩国料理文化，想要把它传承给下一代。

"虽然餐厅最后的结局不尽人意,也有遗憾,但餐厅和我都获得了很多认可,例如:Hansikgonggan 获得 2021 年度首尔米其林一星餐厅称号,同时连续两年入选亚洲 50 佳餐厅榜单(2020 年第 34 位、2021 年第 43 位);我个人则获得 2021 年度米其林导师厨师奖、2020 年亚洲最佳女厨师奖。为此,我心怀感恩。"

赵希淑的朋友 Jain Song 跟我说,赵希淑就像是那种班上最好最积极的学生,随时准备学习。每次跟她一起出去,都是非常有趣的经历。不管是韩国料理、意大利料理、法国料理、日本料理,还是其他,赵希淑总会表现出好奇,想要尽量学习的样子。

餐厅闭业也有两年多了,Jain 身边有很多朋友都问她,赵希淑什么时候有重开餐厅的计划。包括 Jain 的妈妈,妈妈会跟 Jain 说,自己真的很想念赵希淑的食物。

"有可能再开吗?"我也有一样的想法。

"目前没有,想休息一下;或者以后会,但我需要更多时间。"赵希淑停顿了一会,回答。

◆ 现代韩料与未来 ◆

现代料理,是一个全球化的词语与概念。现代韩国料理也不例外,它在全球颇有声誉,先后出现了很多知名的餐厅。除了韩国本土的餐厅像米其林三星餐厅 Mosu 和二星餐厅 Mingles,单是在纽约,就有 Atomix(米其林二星餐厅)、Jungsik(米其林二星餐厅)、Jua(米其林一星餐厅)、Kochi(米其林一星餐厅);在新加坡,有 Meta(米其林一星餐厅)、Nae:um(米其林一星餐厅);在中国香港,有 Hansik Goo(米其林一星餐厅)。

已经在全球遍地开花的现代韩国料理,想必是经历过一段酝酿的时间。赵希淑对此点头同意,说大概在十到十五年前,由时任总统李明博的政府牵头,发起了在全球推动韩国美食的运动。政府推出了一系列的利好措施、优惠及扶持政策,比如开设厨艺学校和课程,还有支持餐厅等。

Jain补充说,她记得在很多年前,在韩国国内的餐厅,他们的菜单要么是没有英文,要么英文的表述让外国人觉得很为难,但因为随着全球旅游与商业的流动,抵达韩国的外国人数量也呈

指数式增长,餐厅的英文餐单逐渐成了当时热议的话题,于是有了政府的介入。政府从韩国国内开始,并延伸至海外,帮助餐厅规范韩国料理名字,而且还花经费为从业人员提供能力提升课程及训练,包括提供语言和服务能力训练。

得益于政府的努力,韩国饮食文化在本国国内和国外有了发展的势头。当时在海外受训或工作的年轻厨师,看到国内精致餐饮的潜力,于是厨师人才开始回流,成为韩式高端餐饮黄金时期的开端。其中,Mingles的创始人兼主厨Mingoo Kang就是其中的代表,他返回韩国后,于2014年创立了Mingles。

很早的时候,赵希淑就已经注意到了这些变化。当时她觉得新一代的韩国料理已经出现,某种程度上意味着属于她的那一代也结束了。但赵希淑没有随大趋势走,而是继续挖掘韩国的传统料理。因为她坚信,越往前走就越需要往回看,也就是需要传统饮食文化。

跟掌握烹饪技术相比,对饮食文化的理解则需要更长的时间。

也如赵希淑所说，近几年有越来越多的新一代的主厨去学习传统文化。

被很多主厨尊称为"导师"的赵希淑，她的现代料理尽管和年轻一辈的不同，但彼此并不是独立的。通常像她这样拥有数十年经验的主厨，更多会选择继续沉醉在传统料理的世界里，但对料理一直有独到想法，甚至有点"叛逆"的赵希淑，在2020年2月接受世界50佳餐厅榜单官网的采访时说："永远不变的只有改变，如果改变也是一种前进，那么它是无法避免的。而在这个全球化的时代，当我们不把自己框住，拥抱各种料理文化并将其与韩国料理相融，再加上一点现代的手法，那么就能被归为现代韩国料理。接下来，这个概念将会继续演变，以适应食客的需求。"

现代韩国料理的发展，本身也是在推动传统韩国料理的发展。同理，以现代韩国料理为概念的高级餐厅，他们从餐厅的设计布局、服务、卫生、餐具，到厨房的管理和厨师的培训，要求都非常严谨，所以同样会鼓励传统的料理餐厅不断改善。

不过，随着高级餐厅的涌现，也出现了另一个问题，就是市场上普遍无法停止对"高级"的追逐，包括客人和餐厅，都似乎陷入一种稍显紧绷的状态。另外，赵希淑看到一个普遍存在的问题，就是浪费，她可以理解餐厅想为客人提供最好出品的初衷，但如果因为这样而把次优的食材扔掉，那不是一个可取的方法，还有大量塑料用品的使用，也是对环境带来压力。

赵希淑认为，尽量减少浪费，是一种责任。作为一名厨师，应该明白可持续餐饮并不是一个可选项，而是一种必须；已经有知名度的名厨，更应该有这样的态度，才可以影响更多的同行。

◆ 韩国料理的传承与走向世界 ◆

2020年11月，《米其林指南》发布2021年度首尔榜单，赵希淑的餐厅不仅获得米其林一星餐厅荣誉，她个人还获得了指南在韩国颁发的首个米其林导师厨师奖，这是距离她获得2020年亚洲最佳女厨师奖之后的第二个人奖项。

无论是说"教母"（称号），还是说导师厨师奖项，都从侧面表现了赵希淑的一颗仁者之心。并不是说只有她为传承韩国料理做贡献，而是说她在研究韩国料理上有数十年如一日的专注，以及对同行产生积极的影响，形成一种蝴蝶效应。

这也得和赵希淑的经历联系起来说。师从韩国传统美食协会主席Lee Mal-soon，赵希淑对待传统料理持有敬畏心，这为她的烹饪理念奠定了基础，她对料理新趋势、形式和内容抱有宽容态度，但以传统为根基的烹饪，是赵希淑的不可妥协。这不仅是她的自我要求，而且是一个"大同"的心愿：只有当越多的同行意识到这一点，传统料理才得以延续下去。

2006年，赵希淑离开了在韩国驻华盛顿大使馆的工作，接受了韩国又松大学（Woosong University）的聘请，负责韩国料理的教学工作。几乎同时间，她也担任美国烹饪学院"亚洲崛起项目"的韩国代表。再到后来，她成为非营利组织Arumjigi Foundation的美食文化研究员，负责向全球推广韩国美食。这一系列的角色，让她学习到更多传统料理，同时也帮她实现传播与传承传统料理的念想。

由于传统韩国料理烹饪与文化是她的烹饪核心，也是传承的根本，所以人们对她"教母"的理解，多数停留在她对传统文化遗产传承的贡献。但当我把所有的线索串联起来后，发现这样的解读略有偏颇。我个人认为，赵希淑对韩国料理的功劳，是传承一种不管处于哪个当下，都能找到把过去、现代与未来联系在一起的精神与文化。

我觉得主要原因是，赵希淑用前瞻的眼光来对待传统料理。20世纪80年代初，才刚入行的她，就已经想到"高级韩国料理"的概念，在"现代韩国料理"连雏形都还没有的时候，赵希淑就有了"现代宫廷料理"，甚至是开辟了新的一派，也就是绕开了新生代厨师把西餐烹饪和韩国料理相融的做法，用现代烹饪、食材和调味去重新诠释宫廷料理，传统为主角，其他则是点缀。当"高级韩国料理"或"现代韩国料理"已经形成气候之际，赵希淑对未来的料理有了新的看法，一是从对高级与现代的追逐转变为对舒服的讲究，二是通过更加精致且个性化的料理传统去展现多样性的韩国饮食艺术，比如发酵与慢食理念。

❖ 油炸蔬菜脆片 ❖

如果能随时吃到最新鲜的当地时令食材，那真的是一件很幸福的事。因为韩国寒冷而漫长的冬季，导致实现"新鲜蔬菜的自由"不是件易事。可为了吃，人们从来都是费尽心思，由于天时地势而发展了很多保存食物的办法，不管是在春夏秋冬哪个季节，人们都已经懂得如何把当季最好食材储藏起来，以便过季之后也能继续享受当季美味。

Bugak（油炸蔬菜脆片）是此前 Hansikgonggan 的一个招牌菜。它主要是把切成薄片的蔬菜、绿叶或海藻，裹上糯米糊后油炸而成。在制作时需要注意的是，需要先把蔬菜食材放在常温而干燥的环境下，进行3天的自然风干，在上桌前将其下锅油炸。Bugak 是"食物包裹季节"的代表，它与其他韩国传统食物如韩国大酱、泡菜和腌菜等一样，都是保存时令食材的典型，是祖先留给后人的遗产。

食材

糯米粉 100 克

水 300 克

盐 3 克

薄盐酱油 5 克

食用油 7 克

海苔适量

紫苏叶适量

煎炸油 2 杯

制作方法

1. 干海带

（1）往糯米粉里加入清水，并搅拌均匀；将之放入锅中煮成胶状，后加入适量的盐和酱油进行调味，再加入食用油，后静置。

（2）把海苔放在不粘硅胶烤垫上，摊开晾干；切成小块后，可以把其放进真空包装袋或盒中备用。

（3）准备下锅油炸时，热油至 190℃，放入海苔。

2. 紫苏叶

（1）把紫苏叶放入沸腾的水中焯水，接着迅速放入冰水里进行冷却；从水中取出并晾干水分。

（2）把紫苏叶放在不粘硅胶烤垫上，摊开晾干；切成小块后，可以把其放进真空包装袋或盒中备用。

（3）准备下锅油炸时，热油至 190℃，放入紫苏叶。

杨媛婷：
蔬菜入甜点

一碟沙拉的契机，杨媛婷（Maira Yeo）打开了蔬菜入甜点的新世界。
在甜、咸和酸中寻找甜点平衡的天平，
从而开创了别具一格的甜点创作风格，
也因此获得 2022 年亚洲最佳甜点师奖项；
2023 年加入了位于上海的米其林一星餐厅 EHB，
即使与之前的创作风向有点不同，
但她并不认为有矛盾，相反让她的甜点世界变得更广阔。
敞开心胸，拥抱变化，更好的终会来临，不是吗？

2022年11月底,我在新加坡米其林二星餐厅Cloudstreet和杨媛婷见面时,她丝毫也没料到,她的职业即将会迎来新的转变。那时的她,因为在年初获得亚洲最佳甜点师奖,工作和生活看似一切如常,但其实变得更忙碌,那时她并没有计划要离开Cloudstreet。

可是现实呢,常常是计划赶不上变化。在收到来自挪威米其林三星餐厅Maaemo老板兼主厨Esben Holmboe Bang的上海新餐厅工作邀约那一刻,她的内心发生了微妙的变化。因为Maaemo是一家对她影响很大的餐厅,之前在Maaemo修习的那段时间,她不仅仅领悟到高度的条理与自律在顶级餐厅中的重要,还被团队的专注态度感动。

"顶级的餐厅都会有一班优秀的人为它工作,这很正常。但在Maaemo很特别,那里的每一个员工会为自己能成为其中的一分子深感自豪,而且他们每一位都很在乎餐厅。虽然每天的工作都很繁忙,大家也会感到累,但等到第二天一早上班,大家总是会打起精神。

"我真的喜欢那里员工的工作态度,之前我一直认为自己很古怪,因为我在工作中是一个自我驱动力特别强,对工作很痴迷,总是想着要进步的人,直到去到Maaemo,我才真正知道,我是正常的。在那里工作的人,是怀着把工作当成他们所有的态度在工作。他们会愿意每周花上几百欧元,就是为了去做实验,探讨新的想法和创作。试想一下,跟这样较真的团队工作,是很不一样的体验。"

在加入Cloudstreet前,她错失了一次加入Maaemo的机会。

2023年3月,距离EHB餐厅开业还有不到三个月时间。杨媛婷抵达上海后还顾不上安顿自己,就开始投入筹备工作。再次见面时,我还是把疑问抛给了她:新加坡是亚洲及全球高级餐饮的中心,它在很多方面都占有优势,包括年轻厨师被看见的机会和成长空间;相对而言,上海会稍逊一点。另外,杨媛婷在新加坡已经有建树,但在上海需要归零。为什么她选择了这里呢?

对于我的疑问，杨媛婷当然是有思考过，她认为自己的决定是对的，一来是对"念念不忘，必有回响"做出的回应，二来是她内心对拥抱新挑战有更大的渴望。也因此，得知得先把自己强烈的个人风格收敛起来，她并不认为有什么不好。

目前，要想对杨媛婷甜点创作风格的变化做猜想，显得武断。既然这样，我们还是倒回去看看此前的历程吧。

因为 2022 年亚洲 50 佳餐厅榜单发布会那天也是餐厅的正常营业时间，收到邀请的时候，杨媛婷对前东家 Cloudstreet 的主厨 Rishi Naleendra 说，发布会当天自己还是留在餐厅工作比较好。主厨 Rishi 也没有多想，就如实回复亚洲 50 佳餐厅榜单的主办方。

谁也没有料到，主办方再发来回复说，因为有一个奖项是颁发给杨媛婷的，所以建议她前往。Rishi 看到后非常地兴奋，立刻把消息告诉杨媛婷。因为知道 Rishi 喜欢喜欢开玩笑的习惯，于是杨媛婷和往常一样，也并没有把它当真。而且她自己也觉得，像亚洲最佳甜点师这样的奖项，离自己太遥远了，确实需要一点时间去消化。直到 Rishi 说得为参加发布会做安排时，杨媛婷才真的相信。

这样一个奖项，为当时刚满 30 岁的杨媛婷起了一个好彩头。

◆ 创作风格的形成 ◆

（一）蔬菜的启发

与蔬食甜点的概念不同，蔬菜入甜点的概念，是把蔬菜运用到甜点创作中，这是杨媛婷专注的事情。关于蔬菜的故事，还得从 2016 年说起，那年她 24 岁，在新加坡米其林一星餐厅 Meta（2024 年在亚洲 50 佳餐厅榜单上排名第 28）工作。

在 Meta，杨媛婷创作的第一个甜点是用韩国辣椒酱（Gochujang）来创作的。因为 Meta 是一家现代韩国料理概念餐厅，甜点也自然要围绕韩国饮食文化展开，她第一个想到的是传统辣椒酱。通常，人们很难把辣椒酱与甜点联系在一起，但她有不同的感受。当时她的印象是，韩式传统辣椒酱的咸鲜，让她倍感舒服，所以就选了它。

她自己反倒并没有很多的想法，只是一种直觉引导着她去创作；她也特别真诚，说自己没有特意去研究自己用蔬菜入甜点的逻辑和做法，而她被说服的其中一点是：沙拉。沙拉的主角是蔬菜，为什么甜点不能有蔬菜？

这样的逻辑，的确没有问题。但鉴于水果与甜点有不离不弃的关系，我还是问了杨媛婷对水果的看法。我本来以为她会说水果与蔬菜的区别，但她的那句"我认为水果的难度更高"，令我颇感意外。主要是由于水果入甜点平常如定律，包括很多全球知名甜点主厨，都非常善用水果，比如 Cédric Grolet。

因为意外加好奇，我继续问杨媛婷为什么她这样认为。她的举例略显稚嫩，却很真实："你试想一下，当你手上拿着一个非常新鲜的桃子，然后一口咬下去，不仅汁水饱满，而且味道又清甜，这时候你还会想着把桃子做成冻糕或者其他甜点吗？"

我同意这种说法，可是如果每个人都这么想的话，或许水果在甜点中的利用率就不会那么高了。很显然，杨媛婷的看法属于少数派，她甚至认为自己对于水果的运用缺乏信心。

我似懂非懂。但不管是什么原因，有一点我总是很相信，就是她的潜意识影响了她的喜好，于是我假设，很有可能是杨媛婷在水果身上找不到认同感，而蔬菜却可以让她产生很深的联结感，微妙而深远。为了证明自己的想法，我问了以下三个问题。

"在日常生活中，你喜欢吃水果吗？"

"是的，我喜欢啊。"杨媛婷回答。

107

"感觉还挺有趣的。你喜欢水果，却觉得自己很难掌控它，是吗？"

"我能做得不错，可我觉得目前还无法很好地驾驭它。"她说。

"会不会是因为你对蔬菜更有热情？"

"我想是的。我会找到自己运用蔬菜进行创作的理由，可我就是很难为水果正名。"

我也猜测，她是否想改变蔬菜被低估的现象。因为长久以来，从厨师到食客，对肉类料理的热情，远远大于蔬菜。虽然说，蔬食生活方式在全球越来越受欢迎，但蔬食的受重视程度远低于肉类。这个问题，杨媛婷好像也没想过，所以很难下定论。

"但很多时候，特别是之前在 Cloudstreet 餐厅工作，我们会说，哦，为什么不试试？"杨媛婷停顿了一下，补充说，她觉得自己是被眷顾的人，无论是现在还是过去工作的团队，都给予了她很多自由的创作空间与灵感。

以前在 Meta 的时候，主厨 Sun Kim 放手让杨媛婷去创作。有时他明明知道做出来的结果会不尽如人意，有些是他没有听过的食材或做法，他也会鼓励她去尝试。其实那时 Meta 的餐单，就已经出现蔬菜甜点了。

"客人喜欢吗？"我想，那时的市场应该还没准备好。

"我真的十分幸运。"这句话，杨媛婷重复说了很多次。

像世界上其他事情一样，有人喜欢，有人不喜欢，但因为有主厨 Sun Kim 和团队的支持，她可以过滤掉很多负面的评论，而把大量的心思放在创作上，只要出品达到主厨的期待，那么就会被放在餐单上。与外界的评价相比，来自团队的信任，支撑着杨媛婷成长。

就这样，杨媛婷把在 Meta 的工作经历称为自己在职业发展的第一个转折点。她还是说到用韩国辣椒酱创作的甜点，其中她还用了巧克力与之搭配，杨媛婷觉得这是亚洲版或者说韩国版的墨西哥魔力酱,只是在墨西哥,人们还会直接用巧克力蘸上辣椒一起吃。就是因为一开始在Meta的这种"开脑洞"的经历,杨媛婷对自己的甜点创作风格有新的理解,要紧的是,从此她不管使用蔬菜,还是其他平常几乎不会用在甜点创作中的食材与搭配,都不会觉得奇怪。

这种幸运,一直陪伴在杨媛婷左右。有时候我会想,这是一种运气,但同时我也相信,这也是一种选择。反过来想,如果磁场不契合,合作的缘分也不会长久。

杨媛婷和Rishi Naleendra是早就认识的朋友,所以当他邀请杨媛婷参与Cloudstreet的甜点研发时,她也很乐意参与其中。大家工作了几个月,觉得彼此很有默契,杨媛婷也自然而然留在Cloudstreet。

朝鲜蓟,这是主厨Rishi叫杨媛婷去用以创作的第一个食材。当杨媛婷听到是朝鲜蓟的时候,她内心顿感一阵欢喜,回答他说:"啊,我也有同样的想法。"

杨媛婷依然没有想到,这次合作,成了她职业发展的又一重要转折点。

尽管是落在自己的兴趣点上,但杨媛婷对自己的信心也很低。其中最主要的原因是,此前的一年多时间里,她在国外不同的餐厅学习,极少有能创作蔬菜甜点的机会。她处理朝鲜蓟的思路是,先把朝鲜蓟轻轻烤炙,从里面取出它的肉,接着把它做成奶油蛋奶酱。然后把外皮翻烤至如晒干的状态,把它拿来做茶。最后,佐以冰激凌和荞麦。

"我真的非常紧张。我知道它是一道没有中间状态的甜点,也即是说,客人只会喜欢它,或者是不喜欢它。当客人跟我说不怎么喜欢的时候,我感到很沮丧,我觉得自己正在为餐厅制造麻烦。随后某一天,我决定去找主厨Rishi聊聊。在听完我的苦恼后,Rishi说,无法赢得所有客人的喜欢,是没有关系的。重要的是,我们的团队相信我们在做的事情。如果说外面的人不喜欢我们在做的,也

没有关系。我很认同他的话,从此之后,我就把我的信心,一点一点找回来了。"

为了更好地理解杨媛婷创作风格的形成,我想需要先认识一下她的前东家 Cloudstreet。我在搜集资料的时候看到,外界对它的定位大致为,它是一家位于新加坡,兼具澳洲和斯里兰卡饮食文化符号的餐厅。杨媛婷同意了一半,她解释说,因为主厨 Rishi 的母国是斯里兰卡,后来在澳洲工作和生活了很多年,再移居到了新加坡,所以大众的解读也没有错,这样的定位也便于大众认识餐厅。然后,杨媛婷用略显较真的语调说,事实上 Cloudstreet 只是在做属于自己的料理。

杨媛婷解释,其实餐厅在做自己认为觉得好的料理,可能没有定律可循,可她认为也只能这样来说餐厅的料理。不像法式料理和日本料理餐厅,他们习惯直接从本国空运食材的做法,Cloudstreet 有自己独特的逻辑,当团队想到或拿到某种食材,他们会在一起讨论,比如说:食材够特别吗?是不是有很多人知道它?越是人们不熟悉的食材,团队会越喜欢用。在烹饪技术的运用上,团队也是这样。

然后她以一道用土豆和烟熏鳗鱼创作的料理举例,土豆是一种常见的食材,特别是在西方国家被广泛实用,而鳗鱼在日本料理里也十分受欢迎,这两种食材既不产自斯里兰卡,也不是澳洲的风物,但团队却用它们创作了这么一道料理。

既然料理部分有出其不意之惊喜，那么甜点创作也需与之相衬。除了蔬菜，擅用咸味也是人们给 Cloudstreet 的甜点贴的标签。杨媛婷自己的解读是，这是因为甜点里的甜度不像市场上大多数的那么强烈。

杨媛婷对蔬菜，与团队对待食材的态度如出一辙，越是不常见，越感兴趣。而且，她会尽量使用产自东南亚地区的食材。一方面，尽管运输条件方便，但她觉得实在是没有必要从大老远的欧洲、美洲等国家购买食材；另一方面，她相信东南亚就有很多很好的食材。不能因为新加坡是一个高度依赖进口的国家，就忘记了其他邻国有自己的种植产业。虽然说它们种植的规模并不大，很多都是依靠独立的小农生产，产量也刚刚能满足本国的需要，或许仅有少量可供应国外市场。但只要有心，就能找到好的本地食材。

马来西亚，是其中一个好地方。距离首都吉隆坡约 200 千米的金马仑高原（Cameron Highlands），是马来西亚最大的高原地。坐落在彭亨州（Pahang）内半岛主干山脉海拔 1524 米的高处，常年气温在 15℃～25℃之间，气候温和凉爽，适合农作物的生长，因此它成了该国最大的茶叶、蔬菜与花朵种植产区，除了供应本国市场，也出口到邻国及其他亚洲国家。

给杨媛婷留下深刻印象的是，一个把日本的蔬果种子引进金马仑高原，并在本地种植或嫁接成功的农场，而且它们的品质都很好，比如樱桃番茄、草莓、榴莲。

（二）迷人的咸度与酸度

擅用咸味，也是杨媛婷的特点。在她看来，这也是很符合常理的，因为甜点本来就不应该只有甜味。不过，她也承认，这也是她的偏好。她回想起自己刚进厨房工作的时候，每次接到做甜点任务时，让她觉得很享受的是创作甜点的过程，而并非甜点本身。主要原因是，连她自己也认为，甜点除了甜，也没有太多风味上的起伏，某种程度上让她提不起劲来。这种情况，一直持续到自己当上了甜点主厨，她可以发挥自己的想法，于是她就开始丰富甜点的风味，其中最主要的是盐的魅力，不只是降低甜度，而且是让风味变得更加立体。杨媛婷以质地比较坚硬的蔬菜为例，比如黄瓜，只要稍微往黄瓜里撒上一点盐，很快就能看到变化：湿度增加、质地变软。不管是从科学上解释，还是从实践的结果上看，盐对风味有很多正面的影响，而那些由于盐产生的未知风味，都是杨媛婷感到好奇的，于是她对盐的运用也乐此不疲。虽然世界上盐的种类千差万别，但产自英国的品牌 Maldon Salt 是她的最爱，也是她用得最频繁的盐。她在尝试了很多不同的盐后，发现它的风味平衡得很好。

　　盐，是提升风味一个非常重要的元素，另一个就是酸。酸度，会带来更好、更平衡的风味。通常，甜点是在上完几道甚至是十几道料理后才上桌，让本来吃得累了的客人很难再去好好品尝甜点。"我觉得甜品需要有咸味和酸味。"杨媛婷觉得，这样能超过客人对甜点的期待。

甜、咸、酸，特别是咸和酸这两种味道，因其风味出挑，如果掌控不到位，我会觉得它很容易会改变甜点的风味结构。杨媛婷的看法是，事实上糖、盐和醋它们三个是朋友，一个风味平衡的甜点，需要三种味道都存在。

杨媛婷提起我吃的那道芹菜冰激凌甜点，它不需要复杂的食材（刺山柑、腌渍番石榴、玫瑰醋和冰激凌）和技术，就足够把丰富的风味表现出来。它的甜味和酸味并不难分辨，从腌渍的番石榴、玫瑰醋和冰激凌就能得到清晰的答案。最巧妙的一点是，杨媛婷想到用富含油脂的刺山柑，而且把它放入油锅里轻炸，最后得到咸香清脆的油炸刺山柑。当它与甜酸发生碰撞时，以及与冰激凌的香滑融合在一起，让风味达到平衡点且起到点亮的作用。而且，杨媛婷说，虽然腌渍番石榴和玫瑰醋表现出来的是酸味，但因为在制作它们的过程中，本来就已经加入了糖和盐，所以得到的酸味不会太直接。

所以，在创作甜点的时候，需要把甜、咸和酸进行立体考虑和调整；不过，如果只想表达一个单薄和纯粹的味道，那么就应该舍弃更多的调味，反而是把它自然的味道表现出来，才是合适的做法。

前段时间，她说自己在创作上虽没有具体的聚焦点，但她对自己的要求是，每一天都比昨天有进步，每一年都比上一年有成长。"如何定义进步呢？"我问。"简洁。"她说以前在 Meta 的时候，表现方式可能更繁复一点，在 Cloudstreet 工作后就开始有意识让盘子上看上去更干净一些。

◆ 盘式甜点 ◆

盘式甜点，与常规甜点多按照规则进行创作的方法不同，它以盘子为载体，甜点师发挥自己的创意和想象力进行自由创作，是一种能表达甜点师风格的表现方式。杨媛婷在不断地尝试中发现，这

是自己努力的方向。每次她在创作盘式甜点时,她能在其中找到有趣的点,而且让她发挥自由意志的空间也很大。

Francisco Migoya 与 Patrice Demers,可以说是杨媛婷目前最喜欢的盘式甜点大师。前者的创作极具个性化,可以说是出品如人,而后者的创作是用通俗易懂的方式把甜点的美表现得淋漓尽致,人们能找到与之共鸣的节奏。杨媛婷在两位大师的创作里,找到了让自己喜欢的点,后来她勾勒出自己努力的方向,也就是想在大师的"天平两端"寻找平衡。

杨媛婷希望有一天,能创立一家专门店,让她心无旁骛地创作盘式甜点。

◆ 影响 ◆

(一)在新加坡当厨师,是幸运之事

在新加坡见到杨媛婷那周,她刚从马来西亚回到新加坡。她去马来西亚是参加一个由本地同行举行的交流活动。我问她是否有让她留下深刻印象的人或事,她说:"在新加坡生长,是一件很幸运的事情。"

她继续说,虽然新加坡的面积很小,但在新加坡要用到全球的好食材不是一件难事。如果是一位年轻厨师,他在新加坡就能遇到更多好的食材,也可能遇到更好的餐厅和主厨,从而为他们带来更多的专业技术、视野和机会。

相比之下，邻国马来西亚就没有那么幸运，由于政府的政策限制，他们本土的餐厅无法取得很多的进口食材，加上其他各方面的因素，比如餐饮人才不足，影响了本国的餐饮业的快速发展。"在我们新加坡的厨师参加活动的那几天，他们那些年轻的厨师表现得很兴奋，他们很想知道一些新的想法，也什么都想学。"这让她觉得，在新加坡当厨师是一件非常幸运的事情。

同样，那趟行程也让她留下一点小遗憾，就是她没有机会去接触本土的食材。在她的认知里面，马来西亚的农产品是很丰富的，而且从地理位置和归属感上来讲，由于新加坡曾经是马来西亚的一部分，因此她认同新加坡和马来西亚是在同一片土地上。这些原因都让她对马来西亚的本土食材和饮食充满兴趣。

（二）华人家庭，教会对食物虔诚

杨媛婷出生于一个在新加坡的中国家庭，她的妈妈来自潮州，爸爸来自福建。本来新加坡就有很多从中国内地移民的家庭，她们家也一样，不见得有什么特别。可是，杨媛婷小时候就知道，身边很多同学和朋友家，在日常对待食物的态度上，好像跟自己家有点不同，比如说，比较常见的就是大家晚餐会吃面条，可是在她家，爸妈每天都会准备一顿正式的晚餐，有汤、蔬菜、肉，而且一家人要齐齐整整坐在一起吃晚饭。杨媛婷说，在她的成长过程中，那是一件要紧的事情。而且家人在对待食物上有一致的想法，就是吃的作用不仅仅是饱腹，更可以维系关系，所以要坐在一起好好吃饭。

在杨媛婷很小的时候，她的父母也会引导她，用尊重的态度去对待食物，不仅不能浪费食物，还得对食材、农民、制作食物的人持有敬意。在这种环境下长大的她，很早就懂得食材平等的道理。

（三）人生需要充满挑战，才能成长

1. 到国外游学，打开视野

入行后，杨媛婷也从不同的餐厅团队里汲取不同的营养，成就了现在的她。当时离开 Meta 后，她去国外的餐厅游学，那段经历对她来说，印象很深刻。像在纽约的米其林二星餐厅 Aska，因为它是一家北欧料理餐厅，所以特别会做腌制和发酵食物。杨媛婷记得让她觉得很震撼的是，餐厅专门设置了一个像地窖的空间，里面储藏了各种自制的食物，包括醋、腌菜。很多时候，他们在制作的时候也没有具体的目的，就是觉得遇到了好的食材，就习惯性地未雨绸缪，以防不时之需。

在北欧的时候，杨媛婷也看到餐厅会很习惯去搜集各种花花草草，然后把它们制作成花醋。这让她联想到新加坡。"为什么我们没有想到把水果和香草之类的食材，放到醋里面让它产生更加特别的反应？"杨媛婷举例说。

2. 巧克力甜点的启发

在 Cloudstreet 与杨媛婷见面的时候，她分享了一些创作想法，当时她第一个想到的是巧克力事件。她说有一位客人在预订时问她，是否能为她创作一款巧克力甜点。就是这样一个常见的甜点名字，来到她那里，却有陌生感。"对我来说是一种挑战。"杨媛婷除了之前为了慈善烘焙义卖活动用过巧克力做饼干，她很少会在餐厅里使用它进行创作，一是自己不嗜甜，二是巧克力本身的风味比较浓郁。

可那一瞬间，杨媛婷决定把自己对巧克力的刻板印象抛开，为客人创作她想要的巧克力甜点，也想看看自己到底是否能做突破。很快，杨媛婷想到了她要做一款莲藕冰激凌。因为她的创作思路是从花生出发并以此为连接点，让我觉得她的创作思路既大胆又合乎常理：花生与巧克力是一种常见的搭配，而基于她对食材的了解和敏锐度，她觉得莲藕带有花生之味，所以她用了莲藕与黑巧克力进行搭配。

3. 从新加坡到上海

杨媛婷说，自己为能获得 2022 年亚洲最佳甜点师的奖项感到很幸运，但是她并不希望在五年、十年之后，人们对她的印象也只有这个奖，并且公认是她的巅峰。"我很好奇我能走多远，如果有一天我觉得我不想再拼了，连好奇心也消失了，那我想要有足够的底气离开。"杨媛婷陪伴着 Cloudstreet 从零到获得米其林一星，到二星，她也很想见证它晋升至三星的时刻。但际遇的降临，让她调整了方向，虽然略显遗憾，但也让她心怀期待。2023 年开春，杨媛婷离开了新加坡，加入了上海的餐厅 EHB，继续她在甜点烹饪上的旅程。

◆ 香脆巧克力小饼干 ◆

这是一份能触动杨媛婷的心的食谱。在那场由她发起，并在她爸妈家门前举行的慈善烘焙义卖活动中，这款小饼干是最受欢迎的。当时她把售卖所得的大部分利润都捐出去了，以帮助那些在新冠疫情中无家可归的人和需要帮助的移民工人。她看到公众团结在一起支持那项小小的倡议，心生感动和温暖。

香脆巧克力小饼干（12块）

食材

糖霜 300 克

可可粉 75 克

全蛋 50 克

蛋清 8 克

玉米淀粉 8 克

盐 1/2 汤匙

雀巢咖啡 1/2 汤匙

70% 黑巧克力（剁碎）125 克

制作方法

（1）除了黑巧克力，将其他原料放入一个碗中，再用扁桨进行搅拌。

（2）面团成型后，往里加入黑巧克力，继续搅拌至巧克力融入其中。

（3）将面团分装成每份重量为50克的小面团，并放入冰箱冷冻。

（4）从冰箱取出小面团，后放入温度为170℃，且风扇转速为3档的烤箱中烘烤14分钟；其间得注意把巧克力饼干翻面烤，否则容易烘焦。

（5）把饼干从烤箱取出，趁饼干的温度还高，往上面撒上一点海盐。

小贴士

在这个食谱中，由于可可粉和巧克力会为小饼干带来丰富及浓郁的风味，所以建议选用品质较好的产品。

Louisa：
以现代法甜为肌理，在东西文化中寻找和谐

Odette，让她走入了柔和与优雅的创作风格，
不抗拒之余，也为她打开了新思路；
推崇"少即是多"的甜点创作理念，
以现代法式创作为肌理，在东西文化中寻找和谐。
2023年，她成为亚洲最佳甜点师奖得主。

"到新加坡，你最想去的是哪家餐厅？"类似这样的问题虽然显得主观而有失公平，但不可否认的一点是：如果是业界人士还有美食爱好者，尤其是那些从没拜访过的同行，Odette（新加坡米其林三星餐厅、2024年亚洲50佳餐厅榜单中排名第10位）多在他们的清单里。也不能说Odette就是新加坡最好的餐厅，只是它是一家好餐厅的范本，是值得体验和学习的榜样。

　　好的餐厅，必然是有很强的团队配备，Odette也不例外。撇开专业技术不说，我觉得在人员流动频繁的餐饮行业，能留住人才这件事本身已经是很有挑战的。而在Odette，愿意一直跟着老板兼主厨Julien Royer的人数不少。比如行政主厨Levin Lau，在我到访餐厅那天，他告诉我自从2007年在新加坡St.Regis酒店的Brasserie Les Saveurs工作时遇到一起共事的Julien，就一直至今；又比如Adam Wan和Yeo Sheng Xiong，俩人与Julien的缘分分别是从2011年和2010年开始的。

　　这些年采访过一些知名的餐厅，也听过不少关于团队就像家人的故事，他们各自传递给我的感觉，是很不一样的。而当我在Odette的时候，所感受到的是一种颇为接地气的亲和。当一开始听到他们说Odette Family的时候，我是持理性态度的，因为从某些方面上讲，这也是专业的一种表现；可当我先后从不同的同事那里听他们说属于自己感受的Odette Family，那让我产生了更多的共鸣。就像Xiong说的："我们是一家人。在工作的时候，我们会付出100%的专注。一个团队一个梦想，我们带着热情与爱去实现。我们每个人就代表了Julien，他是什么样子的，那我们就是什么样子的。"

　　在Odette的厨房团队里，有一位曝光度不高，平常话也不多的人，就是甜点主厨Louisa Lim。在2022年初，那时距离亚洲50佳餐厅奖项发布还有不到一个月的时间，我在邮件里问Julien，亚洲最佳甜点师的得主会不会是Louisa。"哈哈哈，我为她祈祷。"Julien这样回复。一年后，Louisa 摘得殊荣。

虽然那年的得主不是 Louisa，但不妨碍她的优秀。因为她在媒体的曝光很低，所以公众对她的认识也相对少很多。在过去一年里，随着我跟她的联系增加，我的印象是，Louisa 有一种需要花时间去走近的性格，到最后会发现，她是值得信赖的工作伙伴和朋友。

◆ 比起名气，对待热爱的心更重要 ◆

着急成名的厨师不计其数，这也是人之常情，是无可厚非的。在刚开始与 Louisa 接触的一段时间里，我自己对她的如幕后工作者似的不事声张，有点好奇。与她见面那天，我终于找到了答案。她说："的确时有人问我，为什么我不利用 Odette 的优势，让自己变得更有影响力。老实说，从 2019 年加入餐厅到现在也有一段时间了，如果我真的很渴望名声，我应该可以往那方面努力。说不定将来哪天会把自己展现在公众面前，但目前更享受埋头工作，不被打扰的状态。"

不管是从前全凭热爱而踏上甜点师之路，还是现在，成名都不是 Louisa 的向往。因为餐厅有很多与外界合作的机会，她自己也常跟着团队去不同的国家和城市如澳洲、迪拜等，见到很多全球顶尖的名厨，以及各种华丽的东西。她知道，这些名利场充满诱惑力，而她也觉得并非遥不可及，但她觉得见过了，不一定需要拥有，否则很容易会变得更加贪婪。而自己对于能否获奖的问题，Louisa 认为如果哪天能获得认可，肯定是开心的，可她不会有追逐之心。

让她自己觉得很自豪的点，是在厨房。Louisa 说："Odette 的厨房本来就小，甜点区就更小了。它真的就像角落那样，烤炉的温度让周围的温度升高，我和几位甜点师每天就是待在里面，完成所有的甜点。"我走进厨房后，乍眼看去，中间没有进行隔断，让人感觉宽敞明亮，当仔细看的时候，厨房就如 Louisa 所说的，真的并不算大，甜点制作区的空间可能只有一隅之地。Louisa 没有细说每天她的甜点团队大概需要出多少份甜点，但我知道一点也不可能轻松。

日常供应晚餐，平均每周有两天供应午餐，是目前多数顶级餐厅的运营常态。而 Odette 的模式，是同时开放午餐和晚餐两个时段（周日和周一为休息日）。厨房和前厅同事几乎是同一班人，需要满足每天近乎满座的预定，连轴转是团队的日常。因为 Odette 午餐与晚餐的营业时间分别是 12：00—13：15（最晚入座），18：30—20：15（最晚入座），所以他们的同事一般在早上 10：00 就到餐厅开始工作，通常一直到晚上 21：00，或者更晚才陆续开始下班。"甜点是最后一道上桌的，所以我们也是最晚才能离开，"Louisa 笑了笑，比画了一下她和我坐在沙发上的状态，"现在我坐在沙发上，算是休息了。"

好消息是，Odette 在 2023 年正式对厨房进行改造，完成后的甜点制作区也随之升级。

❖ 寻找风格之路 ❖

（一）直觉的力量

相信直觉的人，是幸运的，至少我是这样认为的。有时候，直觉和本能是相通的，而往往本能会带来精神性的刺激。如果因直觉带来积极的结果，那么会带来极高的精神愉悦性和满足感；即使带来的是消极的插曲，由直觉产生的"心怀希望"，依然会驱使人向前。

Louisa 的自我意识，到了大学才开始苏醒。有一次朋友为她举行生日聚会，订了一个翻糖蛋糕。Louisa 看到装裱得很漂亮的蛋糕，竟然还很好吃，这一下子点燃了 Louisa 对烘焙的兴趣。很快，她就报名参加了一些烹饪课程。

2015 年，Louisa 就去了法国蓝带厨艺学院（Le Cordon Bleu）。在巴黎学习和生活的日子里，Louisa 感受到现实的"骨感"，她体会到在像巴黎这样的城市，当一名年轻的糕点师是一件让人心生怯意的事情，特别是对于身为外国人的她来说，人生地不熟，处处碰壁是常事，连她自己也不确定能否坚持下去。

但毕竟，因为热爱。即使期待与现实有落差，Louisa 却始终是选择为"心中的一团火"而燃烧。Louisa 觉得在巴黎的所见所闻，带给她的冲击力，比想象来得更美好。当看到法国人用最简单的三样食材——面粉、牛奶和白砂糖，就能变换花样制作出各式的糕点，Louisa 在觉得不可思议的同时，也真正意识到自己对糕点艺术的痴迷。

巴黎对于 Louisa 来说，是一座梦想之城。她与很多抵达巴黎的年轻人一样，都是为了实现梦想。哪怕现在回头看，当时在巴黎的日子，是一次她不愿意用其他东西进行交换的成长经历。

当时，尽管心意已定，想跟随法国的糕点大师学习从面包到点心的创作艺术，但在还没有找到方向的时候，内心还是充满困惑和迷茫，Louisa 觉得最好的方式还是一步步来，在经历中成长。其中对她影响较大的经历是在法国米其林一星餐厅 Apicius，时任甜点主厨 Marc Lecomte 和甜点顾问 Jerome Chaucesse 是两位非常有才华的甜点师，与他们一起工作会让 Louisa 想到去法国的决定是正确的，因为她当时的目标，就是与业界优秀的甜点师工作。

快速地成长必然带来许多的收获，除了烹饪技巧外，让她有所启发的是，越是有力量的甜点，越不需要过度点缀，而这点几乎奠定了她之后的风格。

知名甜点师 Pieter de Volder，是 Louisa 很关注的一位业界大师。他那种看起来很简单，却一点也不简单的甜点创作，也为 Louisa 带来很多灵感。与过去可能会用到 10 到 20 种不同食材去装饰甜点的方法不同，现在甜点师关注的重点，主要包括如何表现更好的风味、如何实现更简单的视觉效果等。

（二）现代法式甜点，以及东西味蕾

在巴黎生活了四年左右，Louisa决定回新加坡。对她来说，这是一个艰难的决定，因为巴黎带给她很多，不管是在甜点创作的造诣上，还是个人生活，她都乐在其中。只是，来自Odette的橄榄枝就这样悄然降临了。

当时在Apicius的Jerome（他曾获得法国手工业奖［Meilleur ouvrier de France］最佳甜点师奖。此项殊荣简称MOF，是由法国政府于1924年创立，每隔四年评选一次，是法国政府旨在奖励其国内各手工行业佼佼者的一项最高殊荣，它素有手工业届诺贝尔奖之称）向主厨Julien推荐了Louisa，所以某天Louisa收到Julien的信息，他说他在为Odette寻找甜点师，问她有没有兴趣加入。一番挣扎后，她决定了加入团队。

此前，Louisa没有在新加坡的餐厅工作过，当时的她，对于整个行业感到陌生和不安。她说自己在2019年刚加入Odette那会，有点摸不清方向，因此感到非常迷茫。Louisa觉得如果不是Julien给了她非常自由的创作空间，同时帮助她打开创作思路，她可能会需要花更多的时间去找寻自己，也可能会延续在法国时的经典创作风格。

不知道很多年以后，Louisa还会不会认为Julien是其职业生涯中对其影响很深的老板，但至少现在她是这么认为的。第一，她对甜点与料理相互独立的误解，到了Odette才发生了根本性的转变。这里有紧密的团队合作，确保料理和甜点在创作上具有统一性和衔接性。从前，Louisa非常纯粹地以为，她在创作时只要考虑出品是不是好吃，以及客人会不会喜欢，其他就不在她的考量范围；但在Odette

工作,她才开始顿悟,作为最后出场的甜点,它承担着让客人留下持久印象,以及为一顿饭画上完美句号的责任,因此用整体性思维进行创作,是甜点师的责任,也是甜点的意义。

第二,老板 Julien 对于现代法式料理(Modern French Cuisine)的理解和诠释,有非常独到之处,为 Louisa 提供了一种更新颖而别致的甜点创作思路,也就是一种同时具备明朗、精致、轻盈与柔软的平衡。

Louisa 提起,有一次她在构思新出品,却始终找不到方向,于是她跑去向主厨 Julien 请教,她得到的建议是,在保持盘子里食材少的同时,让食材自己说话。后来,她也慢慢找到属于自己的对现代法式甜点的理解。

"我觉得现代法式甜点非常有创意和有趣,它的演变之路还在继续。在这些年的不断学习中,我对甜点创作的理念是相对简单的:尊重食材本味,发挥其内在的潜力,轻盈的质感,好吃,以及能为前面八道菜品做一个完美的收尾。"

从 2019 年至今,Louisa 加入 Odette 已经有五年时间了,Louisa 坦言,这对她风格的表现产生很大的影响,也为她打开了一种新的思路和角度:从甜点的颜色到风味特征,Louisa 采用的是一种更为精致、轻盈与女性化的表现手法,口味趋向均衡、柔软、清淡、清爽,不要太甜。

她曾经创作了一道叫"异域漂浮岛"的甜品,它其实是一道法式奶冻,佐以英式蛋奶酱、热情果脆饼、菠萝和芒果细丁和水果雪芭,因为水果带来了怡人的酸度,同时英式香甜爽滑的蛋奶酱又中和了橘子皮和泰国柠檬特有的清酸,所以带来了丰富而轻盈的味道。

第三,Julien 带领下的团队,能巧妙地把东西方文化融合在一起。Odette 是位于新加坡的法国料理餐厅,因为它处于新加坡这样一个东西文化交界的国度，其料理除了具备法式料理的基因，也需要有能表现东南亚深厚的民族、文化与宗教底蕴的张力。Louisa很认同Julien的料理理念，也很受启发。因此，Louisa很希望把东南亚这片土地的风物注入每一款甜点里，并通过创作巧妙地表达出来。为此，Louisa在创作时更加地注重细节，通过反复的精炼，才能打磨出满意的效果。

Louisa作为受过西餐烹饪训练的亚洲厨师，把东西方文化和风味融合在一起的创作，本来就是非常自然的。正因为这样，Louisa觉得，知道自己为谁创作、当地人的味蕾偏好和文化影响是非常重要的事情，因为这些因素会对料理的创作有导向性作用，比如创作思路、食材的运用、风味的趋向。

以新加坡人对甜点糖分的耐受度打比方，Louisa说当地人其实无法忍受太甜的甜点，但恰好相反，西式的甜点通常是为那些喜欢甜食的人设计的，所以Louisa在创作甜点中就非常注意减少其中的含糖量。

（三）女性化的创作

Odette餐厅的室内设计，让人印象深刻的是粉白的主色调，流露出柔和之感。它是由总部位于伦敦的设计事务所Universal Design Studio负责操刀的，其设计理念是反映Julien的餐厅定位，希望表现柔和、舒适和优雅的氛围，也是一种与所在位置（新加坡国家美术馆）的相互呼应。

从2015年开业以来，Odette每季餐单的研发都是希望能向客人传递这样的用餐体验。由此，餐厅对甜点出品部分也是有这样的追求：用一种散发着女性独特魅力的温柔、细腻与轻盈，为美好的用餐画下完美的句点。

这种女性脾性,夹带着她个性的流露。身处以男性为主导的厨房,加上Louisa领导的甜点团队里也有男同事,因此,在男性气质非常强的工作环境中工作,她潜意识会强化自己的阳刚之气,从而弱化自己的女性气质。刻意隐藏起来的天性,需要找到将之表达的出口,通常,人们会把它放在其所热爱的事物里。Louisa也是这样,所以在她的甜点里能感受到加倍的柔韧。

(四)本土食材化

在Odette工作,Louisa找到了自己的创作方向:把经典的法式用一种优雅而新颖的方式呈现出来。另因新加坡处于东南亚的十字路口,联系着东西南北,独特的位置和人文环境也让Louisa越来越懂得运用来自大区内的食材,尽管比邻而居,但各有风土与人情。

展现本地食材与饮食文化的美固然重要,但让Louisa觉得更有意义的是,通过使用这些食材,可以让更多的人知道这些食材的特点、生长环境、种植的农民等。

从本土食材延伸到可持续餐饮,Louisa坦言自己在力所能及的范围里会多做努力,因为她认为每个人都有责任去保护我们赖以生存的环境和地球。尽管负责的是已经很少出现浪费问题的甜点部分,她依然在为那一点点而努力:在法式甜点的制作里,动物黄油和奶油是不可或缺的,但为了更健康和环保,Louisa用素黄油代替动物黄油,用豆浆和橄榄油来制作奶油。

Louisa给我的印象是,与"广而告之"相比,她更喜欢靠自己的实际行动去影响身边的人。因为当我问她打算怎样去提升人们对可持续餐饮的意识时,她回答我说,跟身边人交流(或者是聊天,或者是通过她的甜点),这样有助于引发大家的兴趣。

◈ 散谈 ◈

问:你如何看待厨房中长期存在的男女失衡现象?

Louisa Lim:近些年,随着女性厨师的人数不断上升,它正在改变着过去以男性占主导的团队结构;我认为,厨房的观念也正有所改变,比起性别,人们更加在乎的是个体的能力与贡献。

问:您会有很强的意愿去鼓励更年轻的女性厨师吗?

Louisa Lim:这是肯定的。跟新加坡很多家庭一样,以前我的父母总是希望我去当一名律师或医生。但我没有如他们所愿,而是追随我的热情成为一名厨师。中间夹杂的对抗与挣扎,是很多的。所以,我很想去鼓励年轻的女性厨师,要勇敢去为自己的梦想争取。

问:有没有给您带来很大鼓励的女性厨师呢?

Louisa Lim:Jessica Prealpato 是其中一位为我带来很大鼓励的女性厨师。她致力于实现糕点零浪费(Zero Waste),她最大限度地使用食材的所有元素,如果是桃子,那么她会物尽其用到一个地步,就是连桃子皮和核都不能出现浪费。

问:如果当时没有选择踏上甜点之路,您有什么计划?

Louisa Lim:我大学本科读的是社会学专业,所以如果没有实现成为甜点师的梦想,那我可能会继续社会学的研究生课程。

问:您介意简单分享一下您的下班生活吗?

Louisa Lim:在休息日,我通常会约上朋友们去不同的餐厅,或者到酒吧去小喝一杯;哦,我是水上运动爱好者,平常喜欢去海边做运动,或者散散步。

◆ 玛氏士力架特趣焦糖曲奇饼干巧克力 ◆

（一）组成部分

巧克力沙布列
法芙娜塔纳里瓦牛奶巧克力慕斯
自制花生酱混合物
娜美拉卡香缇奶油
盐味焦糖
巧克力片
巧克力柱
热巧克力慕斯
焦糖熏草豆冰激凌

1. 巧克力沙布列

黄油 500 克

粗黄糖 400 克

白砂糖 160 克

盐之花 10 克

法芙娜圭那亚巧克力 500 克

面粉 80 克

法芙娜可可粉 100 克

小苏打 16 克

制作步骤

（1）在蒸锅里隔水将圭那亚巧克力融化。

（2）先把软化了的黄油、粗黄糖、白砂糖和盐之花放入一个凯膳怡碗里；加入已过筛的面粉、可可粉、小苏打；加入融化了的巧克力，并揉拌成团。

（3）把面团擀成 3 毫米厚度的面皮，接着用一把 6 厘米大小的圆形切刀塑形，后放入冰箱里冷藏。

（4）从冰箱取出后将它放入 170℃且风扇风力为 2 档的烤箱中烘烤 12 分钟。

2. 法芙娜塔纳里瓦牛奶巧克力慕斯

奶油 225 克

葡萄糖 25 克

转化糖浆 25 克

塔纳里瓦牛奶巧克力 360 克

冻奶油 635 克

明胶 3 片

> 制作步骤

（1）在一个锅里把奶油、葡萄糖和牛奶巧克力煮开。

（2）将明胶放入水中融化，并把它倒入煮开的混合物里；再加入冻奶油。

（3）使用手动搅拌器将搅拌均匀的液体混合物进行打发，并放入冰箱中冷藏至少六个小时。

3. 自制花生酱混合物

榛子果仁糖 200 克
花生酱 200 克
骆驼牌咸味花生 200 克

> 制作步骤

（1）加海盐调味。

（2）按照两份皮埃蒙特烤榛子与一份白砂糖的比例，来制作榛子果仁糖。

（3）把所有食材放入乐伯特搅拌机中搅拌，直至均匀光滑即可。

4. 娜美拉卡香缇奶油

法芙娜黑巧克力 250 克
明胶 3 片
牛奶 200 克
葡萄糖 10 克
奶油 400 克

制作步骤

（1）把牛奶与葡萄糖煮开，加入明胶后，将其倒入巧克力中进行乳化。

（2）加入冻奶油。

5. 盐味焦糖

白砂糖 300 克

水 100 克

奶油 120 克

水 60 克

黄油 90 克

盐 6 克

制作步骤

用水与白砂糖制作一份黑焦糖；同时将水和奶油进行加热。

6. 巧克力柱

软糖 225 克

葡萄糖 200 克

可可膏 45 克

制作步骤

（1）用软糖和葡萄糖制作一份透明焦糖，将其从火上移开后加入可可膏，然后倒进烤盘纸中。静置冷却后，将其倒入乐伯特搅拌机中搅碎至粉末状。

（2）将前面做好的倒入矽胶垫上塑形，将其切成长度为 22 厘米、宽度为 4 厘米的长条；把其放入 160℃的烤箱中加热；取出后，用一个环形模具塑出直径为 7 厘米的圆柱体。

7. 热巧克力慕斯

法芙娜圭那亚巧克力 200 克

奶油 150 克

蛋白 150 克

制作步骤

（1）把奶油煮开，往里加入巧克力，再用手持搅拌器将其乳化。

（2）趁热往里加入蛋白，搅拌均匀；倒入虹吸壶中进行萃取；后将其放在 55℃的温度下静置。

8. 焦糖熏草豆冰激凌

白砂糖（制作干焦糖）200 克

牛奶 800 克

奶油 200 克

熏草豆 10 颗

牛奶 200 克

白砂糖 100 克

转化糖浆 30 克

冰激凌稳定剂 5 克

制作步骤

（1）往牛奶中加入捣碎的熏草豆，浸泡 15 分钟后过筛；制作一份干焦糖，后加入牛奶和奶油稀释。

（2）加入转化糖浆和冰激凌稳定剂，放置在 65℃的温度下。

（3）将做好的英式奶油加热至 82℃即可。

(二)装盘步骤

把巧克力沙布列放在盘子中间,接着把巧克力柱套进去;往里沿边挤入5点塔纳里瓦牛奶巧克力慕斯,然后在中间加入自制的花生酱。再涂上奶油和含有咸焦糖的香缇奶油后,放上巧克力片和热巧克力慕斯。最后放上焦糖熏草豆冰激凌。

谭绮文：
重塑中餐美学

在获得2021年度由亚洲50佳餐厅榜单颁发的亚洲最佳女厨师奖荣誉前，
谭绮文（DeAille Tam）被公认为中国内地第一位米其林餐厅女主厨。
2021年11月，她的餐厅Obscura by 唐香获得《2022年度上海米其林指南》
新晋一星餐厅荣誉。
她擅长运用无界烹饪艺术和科学理念，进行料理实验和创作，
成为国内"新中式料理"的主要力量；
她并非分子料理继承者，却受分子料理大师Ferran Adrià启蒙，
也习惯穿梭于东西方文化中进行对话和思考。
于是，她试图打破根深蒂固的饮食味蕾与偏见，
重塑中餐的优雅，并让世界看见。

2021 年 2 月 25 日，星期四，上海的天气阴冷有雨，又是只想窝在有暖气，而外面的世界与我无关的一天。若隐若现的一阵慵懒感，却比不上今天的心有期待，因为下午有一场关于 2021 亚洲 50 佳餐厅榜单的官方发布活动。

尽管半个月前就收到主办方的邀请，但由于没有提前透露详情，连地点也是当天早上才收到信息：西康路 538-2 号——Obscura by 唐香。这很有一种神秘感，我试图把各种信息点串联起来，寻找答案，有点迫不及待想解开心里的谜团，每一秒都如坐针毡。

天雨路滑，静安寺一带的路况就更差了些，导致最终原定于下午 14：30 分开始的活动，推迟了约半小时。

"您好，我是 William Drew，是'亚洲 50 佳餐厅'的编辑。多谢您今天来到 Obscura 参与这场特别活动。"二楼墙上的投影仪，开始播放此前录制好的视频影像，全场安静了下来，剩下摄影师按快门的咔嚓声。

"2021 年度亚洲最佳女厨师奖的得奖者是谭绮文主厨（DeAille Tam）!"欢呼声和掌声夹杂，是意料中的快乐还是毫无预设的惊喜，这一刻已不再重要了，它就这么真实地发生了。

站在屏幕一侧的谭主厨，微笑而羞涩地说了些感谢的话，还是有流露出想努力按捺住的激动，但与此前刚得知自己获奖那一刻相比，已经平复了太多。2 月某个凌晨，手机突然响了，尽管对半夜还有电话打进来感到有点意外，但因为当时她正在发烧，没有力气去想太多，就按下了接听键。

"恭喜你荣获由 5J 火腿赞助的亚洲 50 佳餐厅 2021 年度亚洲最佳女厨师奖。"迷迷糊糊听到电话里传出这句话，她惊醒了。现在回忆起得知获奖那一刻，她依然觉得有点缓不过神，但那一刹那的惊喜与领悟，我想会一路陪伴着她。

◆ 受分子料理大师 Ferran Adrià 启发，用科学角度看食物 ◆

要了解谭绮文对烹饪的看法，还得从受到来自分子料理大师启发说起。以下是主厨的一段自述。

"那一年，被称为分子料理之父的 Ferran Adrià 到加拿大，主要是为了介绍他的新书。于是，我们一帮年轻的厨师就有了一个千载难逢的机会与他面对面。当时他问我们，'你们觉得咖啡是什么？对你们来说，咖啡是什么'？现场有人回答，是饮料、是豆子、是植物。等全场安静下来后，他说，'大家说得都对，但对我自己来说，咖啡是一种味道，有苦、咸、甜各种，但咖啡不是一种饮品，它可以是粉末，也能是慕斯。总之，咖啡只是一个词语，用来描述一种味道。至于咖啡是什么？它可以是任何东西'。

"那一刻，我受到了强烈的碰撞，脑子叮的一声闪过。直到今天，当我看到一种食材，比如芒果，我就会条件反射，我会想它除了是水果，还能是什么？我就会开始思考它里面很多的分子，像糖、纤维、酸性物质，然后我把知道的分子元素全部拆开，打破它原有的秩序后，再重整；我可以把它变成一盆水、一种流动的空气形态、甚至是一种水晶。无论变成了什么，但你吃下去的味道可能跟芒果完全没有分别。这是我现在每天都在做的，把实实在在的食材拆分来看它里面千千万万个分子，再从中抽出我想要的分子，最后从零开始进行创作。"

不知道当年 Adrià 在做分享前，有没有想过他的那番话的影响力；也不知道谭绮文是否曾期待那一场分享会，让她找到方向。但他的确为她打开了一个新世界。不过，这并不是说她要成为分子料理继承者大军的一员，而是这件事启发并改变了她对烹饪的看法。

在此之前，谭绮文其实不知道原来可以从科学的角度去看待食物；尤其是她自己是半路转换跑道，从工科生转到厨师之路，受限于当时的视野，她对知识的汲取有一种循规蹈矩的乖巧。但在听到Adrià这段话的那一刻，她找到了一种联结和方向，就是她不再需要与多数厨师一样，更多是凭借经验去理解食物；相反，她可以从科学的角度，更重要的是，她可以把之前在学校学到的专业知识应用到食物上，然后用新的逻辑和方法去对待烹饪与食物。

或许，科学是一个很宽泛的理解，三言两语无法说明白，但假设聚焦在"分子"上就清晰很多。从本质上说，世上存在的一切都是由分子组成，只不过食物是可食用而已；当把这个概念放在建筑工程学上，同样适用。以石头为例，工程师首先得知道石头里的不同分子种类构成和比例，然后才可以采用适合的温度把石头粘接起来，同时还得控制石头不会因内外力因素出现裂缝、渗水的状况。又比如水分子，它在高、低纬度地区，由于受到不同的压力影响，水流会出现各种微妙的变化。

回到对分子料理的理解上，简单来说，它就是通过把食物里面看不见摸不着的分子拆开，最后将之重整成新的面貌。"某种程度上，我认为每一位厨师都有这么做，只是程度不一样，甚至有的并没有这样的意识。"谭绮文说，传统凉皮就是一个非常典型的分子料理。代代流传的凉皮做法，是先通过往面粉里面加水，用双手慢慢搓出一个面团，再把面团放到清水里，而在洗面团的过程中，面粉和水会进行结合，使得面粉里的两个分子跑出来，其中一个是麸质，它会让面粉变得更有韧性，另一个是糖分基因，它会去吸收水分让面团得以膨胀起来。但在古代，科学没有那么先进的时候，人们并不知道面团和水都有分子，彼此结合之后又会重新组合成新的分子。经过慢慢演变，无法得知到底是出于经验的累积，还是科学的发现，人们开始懂得，那些没能与面团结合的面筋，会跟着水流出来，并与水进行重整，变成新的东西，便开始把水拿去蒸，使之成为凉皮。

不只是凉皮，其他很多传统食物也是这样，只是没有被发现。放到历史的长河上看，我们不难理解有很多食物是做到某个点就停下来了，再经过时间的沉淀和演变，形成特定的经典和文化。依然是以水为例子，当水与不同的食物进行结合，由于介质不一样导致分子不同，以至于水分子在结合过程中会出现变化，这时科学家会去进行各种科学实验，帮助挖掘、延伸食物的可能性，如发酵食品。

Nicholas Kurti 和 Hervé This 是世界上很早提出分子和物理美食学的科学家。Adrià 则是第一位把研究出来的理论运用到食物创作上的，尽管他不是科学家，但他是用科学精神和态度去对待食物。他的创作过程，就像进行一项项科学实验，其中表现在他会用到很多的科学仪器，帮助分析食物里的各种分子（如糖、水、蛋白质、脂肪等）的特性。

因为自己本身就具有科学的专业背景，所以当 Adrià 做出分享的瞬间，就能引起谭绮文深深的共鸣。这种联结，并不是出于对分子料理的崇拜，更多是激起了她内心未被挖掘的热爱——就是喜欢从科学的角度去探索食物和分子在不同状态出现的变化。

不过，她是如何找到自己料理风格的呢？

◆ 跳出分子料理继承者梁经伦（Alvin Leung）的框架 ◆

世界很大，却也很小，足够让内心能共鸣的人相遇。"厨魔"梁经伦（Alvin Leung）的出现，成为谭绮文后来回到香港，进而转战上海，并最终倾注全力在中国饮食文化的引路人。我曾以为，她与"厨魔"的认识，是在她受到 Ferran Adrià 启发后，有清晰目标后，然后找到"厨魔"这位分子料理继承者。然而，实际却是另一种机缘巧合。

139

俩人的认识，也是在加拿大烹饪学校的时候。有一年的年度慈善晚宴，梁经伦是受邀的客座主厨，而谭绮文是其中一位被选出来成为活动帮手的学生。当时的她很兴奋，哪怕她对米其林指南没有了解，但知道获得米其林三星的荣誉就像获得了奥斯卡一样，而且是从香港来的，就更值得期待。

谭绮文不想让这个转瞬即逝的机会就这么溜走，于是找机会靠近他们。因为是几百人的晚宴，后厨准备工作的压力非常大，单桌子上摆放着的一大堆盘子，就是需要整齐划一进行摆放的繁杂工作。"大部分人都是按节奏去完成，而我偏偏就是可以左右手同时间，而且不间断地去装盘，间隙里还能抽空帮别人，"谭绮文回忆起来，笑了笑，"我就是这样的人，充满战斗力。"

很快，谭绮文就听到梁经伦的团队对自己的一致好评。不过，跟梁经伦的结缘，准确说是在那场为期三天的晚宴之后。谭绮文听大家说，隔天在其他地方还有另外一场活动。理论上，他们是不需要另找帮手的，但她就主动说，"明天我有时间，我想继续帮忙"，就这样又连续帮忙了几天。

两场晚宴结束，梁经伦一行人就离开了加拿大，回到香港。之后大家有经常联系，以至于每一年他们回加拿大做活动，就会问谭绮文："我们准备回加拿大做活动，你有时间吗？"每次，谭绮文的答案都是如出一辙："好的。"就这样，连续帮忙了好几年，谭绮文也结束了烹饪学校的学习，成为一名真正的厨师。

其间，梁经伦也有问过谭绮文是否想回到香港，尽管谭绮文潜意识是有这个念头，但她自己没有做好心理准备，也十分清楚时机还早。那时的她，才刚初出茅庐，如果选择回去，估计只能从很低的职位开始，因此她把念头放下，继续专心地在加拿大的餐厅积攒经历。

时机也是刚好，2012年多伦多香格里拉要开业，酒店的西餐厅

Bosk，邀请了名厨 Jean Paul Lourdes 来担任主厨。看到有空缺的职位，谭绮文就申请了。工作三年后，她差不多就可以做到副主厨的职位；但有点可惜的是，最终她也没有得到晋升的机会，一是因为自己是女性，二是由于时任副厨是随同主厨一起进入 Bosk 的。唯一的奇迹可能是他俩自己离开，然而并没有发生。

离开 Bosk 后，谭绮文到了一家荣获詹姆斯比尔德基金会奖项（James Beard Foundation Awards，该奖项在北美地区有美食奥斯卡之美誉）的餐厅，短暂地工作大概半年。

后来回到香港，在与梁经伦共事的日子里，受到启发的情况更多是出现在日常。在谭绮文的记忆里，很少会有梁经伦传授料理创作与烹饪的片段，最多的是聊天。他会不断地讲，突然飙出一句话，谭绮文感觉有用，就马上记住，再慢慢领悟。梁经伦常常会说一大堆可能大家听完都无法明白的话，他自己虽然知道，但完全不介意，依然继续讲。

谭绮文也完全理解其用意，如果是和梁经伦处于同一个"频道"，那在他谈天论地的时候，自己是可以从中汲取到很多有用的信息和灵感。同时，也会知道，原来他有着很独特的思考问题思路，这样也会影响到自己尝试跳出自我，有时会试着"从一条完全无关的路走回来"。他也从来不会手把手传授烹饪技巧，反而很在乎大家是否能掌握整个食物创作中所运用的方法，包括物理变化、生物学理论。

和梁经伦做事，有一个很重要的启发就是：反工程（Reverse Engineering）。这是一个专业名词，通常与科学实验联系在一起。这个原理似乎能跨界到任何事情上，料理也不例外。每次在创作前，梁经伦首先想的是最后要达到什么结果，然后再想怎么才能实现目的，整个的逻辑是倒转来走的。这样的好处是，大大提高效率。因为已经知道终点，中间的路实质上不是弯路，而是探索更多的可能性。

分子料理是一个无法回避的点。毕竟,梁经伦被誉为分子料理的继承者,也是大中华区第一位将 Adrià 所研究的结论应用到食物创作上的同行。倒带回到 2008 年,香港 Bo Innovation 开业,主要提供以香港本土饮食文化为灵感创作的分子料理体验。在当时看来,有一种先锋的影响,因为梁经伦将分子料理延伸到更广的料理体系,那就是香港饮食,换句话说,他想要把人人熟悉的食物,哪怕是奶茶和鸡蛋仔,用全新的方法来呈现,对于传统食客和新兴的市场来讲,是一种挑战。

当时香港市场的开放程度,足以容纳先锋和创新的存在。实质上,也无法去追究,是由于香港本土食客的成熟,还是分子料理在全球范围里已经有开枝散叶之势。我想,应该两者都有吧。从历史上看,自 17 世纪后期开始,就一直有科学家研究科学、烹饪与食物的关系,包括诺贝尔化学奖得主 Justus Von Liebig、食品化学家 Bruno Goussault、美国科学家 Harold Mc Gee,特别是从 20 世纪末期,科学家 Nicholas Kurti 和 Hervé This 提出分子美食学理论,到 21 世纪初期一众名厨,像 Heston Blumenthal、Emile Jung 和 Ferran Adrià 等,专注于分子料理的美食创作与推广,事实上这个概念逐渐在全球有了些回响,比如在亚洲,有印度籍名厨 Gaggan Anand。

"我常说,做食物就是对分子进行处理的一种方法。进一步可以拆开来思考,料理到底是什么?它是处理可以食用的物质。分子是什么?一切。如果把独立的人当成一个分子,那么每一种食物也都是分子,像猪肉、豆腐,都是由分子组合而成。因此,当把'料理'与'分子'摆在一起,意思就是把不同分子结合在一起,然后运用合适的烹饪方法,使其可以食用。"谭绮文用日本料理为例,如果鱼以一种生食的状态表现,可能不能被称为料理,但如果将鱼加上酱油,或配上米饭,它就变成料理。在制作过程中,寿司师傅可能会想,要想让鱼散发最佳的风味,米饭里面需要的酸味比例。

然而，这通常不会上升到分子料理的高度，因为这个概念太科学。从另一层面来说，正是因为它让全球业界认识到食物里面原来是有很多的科学原理，所以带来很多的进步，单单是从烹饪工具出发，就有了比如风干机、真空机、低温慢煮机等。

跟着梁经伦的那些日子，也是离分子料理最近的时候，而越是深入认识它，谭绮文对它的看法也更客观和真实。在她看来，分子料理就是烹饪方法，本质上它跟蒸、炸、焗这些方式并不存在分别。事实上，她确实也觉得很多厨师的想法也是这样，不会把它当成一个独立的事情，更多是结合其他方法一起使用。即使是Noma餐厅（2021北欧米其林三星餐厅，2021年世界50佳餐厅排名第一），在料理创作时为了达到理想效果，也会用到很多对分子料理的理解，比如常用到的低温慢煮和风干。

纵观全球餐饮发展史，至少在过去六七十年里，每隔一段时期就会出现方向标，比如20世纪60年代在法国出现的新法餐运动（Nouvelle cuisine），再到后期的分子料理美学，紧接而来的新北欧料理，而每一个风潮，都有其出现的意义。关于当下主流的新北欧料理概念，我在搜集资料的时候，得知它之所以出现，是因为在20世纪后期法餐为王时全球业界的一个定律。2003年，名厨René Redzepi正式创立Noma餐厅，当时他拒绝深受法餐烹饪影响的传统北欧料理，无比渴望建立一种全新的"秩序"。很快，他与Claus Meyer（餐厅合伙人、著名餐饮企业家、美食作家、主持人）共同研发了一套向本地食材、烹饪及饮食文化致敬的餐单，随即引起轰动。一年后，他们联合12位北欧国家的厨师，共同发起了新北欧料理宣言（New Nordic Food Manifesto）。在过去十多年的时间，新北欧料理也发展成全球饮食文化版图的先锋。

另一方面，我也同意谭绮文的解读，她认为新北欧料理的出现，是业界觉得分子料理过于科学，然后有一批厨师开始走向返璞归真，于是也出现了从农场到餐桌，采集和培育新鲜食材，自然有机这些热潮。相对而言分子料理的声音就变得越来越弱。所以，随着时间的变迁、烹饪技术的发展和对食物的认识增加，谭绮文并不拘泥于任何一种形式。

◆ 新中餐理念 ◆

离开 Bosk 之后，谭绮文和她的先生王思鸣（Simon Wong）都感觉在多伦多的发展遇到了瓶颈，想接受些新的挑战，以及想看外面更大的世界，而最重要的是："我们有一个梦想，就是在米其林餐厅当主厨。"于是，他们把回香港这件事提上了日程。也是意料之外，梁经伦特别有诚意，邀请俩人一起到香港的米其林二星餐厅 Bo Innovation 工作。"我俩都觉得，无论发生什么，都不能让这个机会白白溜走。"就是这么一个契机，俩人收拾好行李，离开了加拿大，于 2014 年回到了出生地——香港。

Bo Innovation 餐厅的"野心"——终极中餐（X-treme Chinese），试图用分子料理，重新演绎中餐，尤其是粤菜。Bo Innovation 餐厅巅峰的时候，是获得了香港米其林三星餐厅的荣誉。以前餐厅里有一道很出名的菜，叫小笼包，它很好地诠释了梁经伦的烹饪理念。他在创作这个球状食物时，是希望食客咬下去的时候，它能和小笼包一样，有爆浆汤汁的效果，而且这个味道要和小笼包的汤汁没有区别，于是他就用猪肉和猪皮来熬汤。这道菜让谭绮文深刻地明白到，这就是她想要做的东西，领悟到传统食物对食客带来的味蕾冲击、记忆和体验，然后再通过新的方法，不受限于分子料理，进行全新的创作。

对谭绮文来说，每一个过去，都是未来的基础，没有过去就没有未来。现在每一个人，都在过去的传统上建立新概念。"每个人都会根据自己的经历、背景和视野去建立自己的独特风格，比如说，有的会选择故乡的食物，有的会基于对西餐的认识，也有的从甜点视觉去重构，而我则是对中国每个地方的文化很感兴趣，因此我选择了从它出发。"

香港，算是一个起点。谭绮文九岁移民到加拿大后，尽管也会常吃中餐，但重回香港后，自然会从不同的角度看本土的食物，最直接的冲击就是，为什么跟在加拿大吃到的不一样？到底有什么不一样？所有的差异，都激发起她想要深究的动力。

❖ 延展新中餐版图 ❖

2016年秋天，位于外滩十八号五楼的Bo Shanghai餐厅开业（后于2019年3月歇业）。这是梁经伦在内地的首次尝试，他派了谭绮文和王思鸣俩人到上海，担任餐厅的主厨。它延续香港Bo Innovation餐厅的终极中餐概念，但减少了对分子料理的运用，同时试图用意大利、法国等的烹饪技法，重新解构、演绎中国八大菜系。

不可以用Bo Innovation餐厅的任何一道菜（因为小笼包是招牌，所以可以保留），每套菜单必须要有八道菜代表八大菜系，每年搭配一个新的国家——除了这三件事之外，梁经伦给了他俩无限自由发挥的空间。"为什么不延续Bo Innovation的理念？很多人很喜欢把自己熟悉的部分延伸下去，这样比较舒服。但是，Simon和我都不是那种喜欢在舒适区停留的人，反而会很喜欢去尝试自己没有试过的。"谭绮文说。

因为有了在香港的经历，谭绮文有了更清晰的方向，就是想让更多的人重新认识中菜。"一开始的确是用西餐的方法去做中餐，可以叫中菜西做吧。那时的上海市场，也还没有出现这个概念。"

因为有"厨魔"梁经伦做底气，而且开业不到一年就获得米其林一星餐厅的认可，让餐厅攒足了人气，而且用西餐手法重新演绎中国八大菜系的终极中餐也因此成为焦点。现在回看一下当时，确实Bo餐厅是国内早期运用西餐烹饪艺术与中国本土食材进行料理创作的顶级餐厅，比现时流行起来的概念早了好几年时间。也不知道是好还是坏，恰恰是由于这样的时间差，这个概念的演变往后推了一点点。

我认为，即使没有没有发生后来的戛然而止，由谭绮文和王思鸣掌舵的Bo餐厅或许也无法让大众市场在短时间内接受他们的概念，就像Simon以前跟我说的："我们的客人很明显，喜欢我们的食物的，就会非常喜欢；如果不喜欢的，就会很不喜欢。没有中间状态。"

"为什么？"

"喜欢的会觉得是新体验，不喜欢的就会认为没办法和自己的家乡味产生联结。"

不管是概念，还是他们的想法，在当时是前卫的，可是市场还没有积累到一个时机，足以支撑大众学习去欣赏两位主厨的料理。当然任何的前卫都需要时间去被接受。以前，我看过一部讲Noma餐厅的纪录片，主厨René Redzepi说起自己当时想要摆脱法餐烹饪的影响，以及起用北欧本土食材之类的做法时，受到来自四面八方的争议。

相反，香港市场对中餐革新的料理，从十多年前就开始接受和欣赏，在2008年开业的Bo Innovation餐厅就是极好的例子，而且在分子料理之后，很快又出现了中式法菜，代表人物是刘韵棋（Vicky Lau，香港米其林二星餐厅TATE Dining Room创始人兼主厨）和郑永麟（Vicky Cheng，香港米其林一星餐厅VEA创始人兼主厨）。

除了市场因素的影响，也有自身的原因。缺乏在中国内地生活的经验，必然会导致对中国内地饮食文化的理解不足，因此，虽然花了很多时间去努力学习，但谭绮文无法就这么顺利地找到八大菜系的灵魂。"我该如何才能做更好？"以前，谭绮文时常这么问自己。直到 Bo Shanghai 餐厅进入第三个年头，也就是接近餐厅结束营业的时候，俩人才觉得自己开窍了。

那会初试谭绮文和王思鸣的料理，就知道是顶级餐厅主厨创作应有的样子。除了很鲜明的的主厨个性外，很让我欣赏的是，两位主厨一流的解构、重组与创新能力。因此，每尝一道出品，就会感觉被抛来无数个问题，比如，料理的原型、创作的逻辑、烹饪的方法。当时的四川水煮鱼，他俩保留了四川辣椒油，选用了意大利面条取代原有的粉条，然后把新鲜的鱼轻轻煎一下，最后最加上汤底。"我们分别先把鸡汤、石斑鱼汤熬好，然后再把两种汤混合再熬煮。"

Bo Shanghai 餐厅的歇业，是可惜的事情，但回头一看未尝不是一件好事。在这个看似失败的经历里，谭绮文探索中餐的可能性，视野变得更宽广。

❖ 重塑中餐之优雅 ❖

在 Bo Shanghai 餐厅关闭后的一年多时间，谭绮文和王思鸣从到"厨魔"梁经伦在中国台湾的项目去帮忙，为奢侈品牌做快闪餐桌活动，尝试创办自己的餐饮品牌，到准备转换跑道到美国，直至决定留在上海重来前，她一刻也没停歇。彼时的俩人，也离开了"厨魔"梁经伦的光环，需要更努力。

2020 年春末夏初，他俩因为西康路 538-2 号的新餐厅项目 Obscura by 唐香，变得更加忙碌起来，幸好兴奋感远远超过了疲累。身型瘦削的谭绮文，工作起来是有"拼命三郎"的干劲，摩羯座的性格特点也无遮掩，竭尽全力去实现完美。

事实上，经过两三年时间的演变，国内新中式的概念有了沉淀。

其中较为明显的是，一批新生代厨师，包括本土和从国外来的年轻厨师，他们曾受过顶尖西餐厨房的专业训练，擅长运用西方的料理技法，结合自身的成长文化背景，尝试在横跨东西方文化中，探索具有先锋、当代及现代气质的新中式料理，比如：玲珑 Ling Long 餐厅（2023 年北京及上海米其林一星餐厅）。

新中餐，其实不止于西餐，它同样对中餐带来了很多积极的影响。中餐厅对风格料理的意识像打开了新世界一样，他们不再满足于表面的融合主义，勇敢挑战创作具有自己辨识度的料理。他们有的专门挖掘某个区域的饮食，如福建、台州与潮汕，从经典上精致化；有的会巧妙地把不同的菜系进行融合，例如，淮扬菜、台州菜里运用粤菜的烹饪；还有就是常用的借用西餐的烹饪方式与食材。

　　新中餐的意义，除了让中餐变得更加多样、具有创新力和国际化外，还让中国餐饮业逐渐尊重及欣赏本土食材；同样，年轻食客对本土饮食文化的味蕾记忆及身份认同，反过来也激发了厨师要深度挖掘本土食材和饮食的动力。现在，食客反而有了更高的期待，好像有一种共识是：我不怕你新，就怕你没有鲜明独到的风格。

　　以前在 Bo 餐厅，虽然大部分创作能代表俩人，但也需要尊重梁经伦的理念；这也是无关好坏的事情，更多是定位的问题。现在，俩人的"脑洞"也变得更大。Obscura 使用"新中餐"这样的概念，既是因为它现在在市场已经有比较高的接受度，又是由于它实实在在地通过新的方式去表达中餐。它独特的地方在于把食客与中餐的距离拉得更近，同时把中餐文化的触角伸得更远。精准来说，谭绮文

149

不仅想要让食客重新认识中餐的美,而且想让中餐变得更好。更长远来说,她希望将来能找到可以代表中餐起源的点。

或许在外人看来是新奇的想法,在谭绮文那里反倒是常理,也是驱动力。因为,对于不喜欢做别人已经在做的事情的人来说,对另辟蹊径的追求才是他们的舒适区。那么,她自我探索的过程是怎么样的?

(一)麦当劳的功劳

重回香港那段日子,谭绮文吃得最多的是麦当劳食品,那也是她这辈子吃麦当劳食品最频密的时候。这自然是工作到半夜三更的结果;已经不知道有多少次的下班时间,是晚到连街上的夜宵档都找不着了,只剩下24小时营业的麦当劳。刚好,她家旁边的街上有一家,于是她每次就在那边下车,买完汉堡再回家。从最初有点被动地去吃麦当劳食品,到最后无法自拔,俩人受到了莫大的启发。

让他俩觉得特别佩服的是,麦当劳每个月都会推出一个新广告和产品,重点是都能与当地文化无缝融合,这让人特别佩服。自从领悟到这点,每次俩人有机会到不同国家的时候,都会到当地的麦当劳,看看他们的做法。越看越有意思,一个全球品牌通用一个快餐和汉堡包概念,却能适应每个国家的饮食文化。他们这种对于食物的理解,同样适用于餐厅,不管是开在哪个国家,餐厅只有在坚持自己风格的同时,能适应、融入当地的文化,然后寻找一个连接点,让当地食客找到一种既陌生又熟悉的味蕾感受和情绪共鸣,才能继续下去。

"这跟你的创作有什么联结吗?"理论上说,麦当劳是让西餐本地化,听着跟 Obscura 的想法不太一样,虽然 Obscura 常被误解为中餐西做。对于当下热门的两个词语——"西餐中做""中餐西做",

谭绮文有着自己深刻的见解：两者的分界点在人。像上海的意大利餐厅 Da Vittorio Shanghai（2023 年上海米其林二星餐厅）和法式餐厅莱美露滋 Maison Lameloise（2023 年上海米其林一星餐厅），他们的驻店主厨都是白人，所以餐厅的料理都是西餐的基因，当他们用中国本土的食材融入创作中，就变成西餐中做。它跟麦当劳的做法是相似的，两者都是把中国的饮食元素加入外来的食物里。

所谓的"中餐西做"，多指的是中国厨师，尤其是中国的新一代厨师，他们本身就有中餐的符号，然后在学习了西餐烹饪后，回过头来做中餐，像前面提到的玲珑，以及深圳的 Avant。

在中国香港出生，加拿大长大的谭绮文和王思鸣，并不归属于任何一类，却又都连接彼此。也正是因为这种不可替代，她喜欢游走在东西之间，用不中不西、亦中亦西的态度进行料理创作。

餐厅的第一份餐单上有一道叉烧包，后来谭绮文灵机一动，用叉烧包的概念和制作方法去创作八爪鱼了。八爪鱼这种食材，遍布全球各地，所以不可以说它是中餐还是西餐食材。但叉烧就很明确，属于中餐的食物。制作叉烧的过程，谭绮文也是按照传统的做法，首先用调料把猪肉进行腌制，接着肉经过吹、焗、上蜜糖汁，二次焗，最后出品是我们熟悉的叉烧肉。

然而，有趣的是，当把猪肉换成了八爪鱼，它依然属于中餐的范畴，还是变成西餐呢？因为当食客一口咬下去，无论从味道还是口感，就会发现它符合人们对叉烧的认知（调味料用的都是中餐常用的如豉油、蚝油、红曲米等）。那么，问题又来了，猪肉和八爪鱼这两种食材的相似度并不高，用了什么方法让它们变得像孪生兄弟姐妹一样？主要的秘诀在于低温慢煮。因为八爪鱼本身的油脂非常低，一不小心就会熟透，质感会变很干，因此无法直接使用中餐的做法；而合适的方法是，把调配好的腌料和八爪鱼放进真空袋里，用低温烹饪的方法煮几个小时，取出八爪鱼后，再用挂钩把它放进焗炉里。

（二）穿梭在新旧之间

叉烧八爪鱼，浓缩了谭绮文游走中西方饮食的精华，亦表现了她热衷于在新旧烹饪艺术之间穿梭。现在，她已经找到了方向：首先通过去研究中国传统食物，研究并挖掘出在烹饪过程中，有值得被继续探索的步骤和细节；然后通过新的烹饪技术和理念去提升，使之既能适合当下社会的审美标准，又可以起到传承的作用。

"打个比方，中国烧肉的经典做法，通常是先将水烧开，把五花肉进行焯水，之后把备好的腌料和肉放在一起腌制，再用脆皮水涂抹在肉皮的表面，最后放进烤炉里焗。对这个过程都了解得明明白白，我就会想，在腌制的步骤，如果按自然入味的方法，就只是把肉放在一边或者用针去扎肉，而随着时间的拉长，腌料的风味就会跑进肉里，但是我需要等多长时间？即使等了很长时间，可能效果也不会很理想。后来，我想到的方法是，把腌料和五花肉放进真空袋后，再放到真空机里，结果可以达到快速、均匀入味的效果。其实，真空机的用途主要是密封食物，防止其接触空气，从而让食物能保存更长时间。经过我的尝试，它也可以帮助增加食物的风味。

"又比如各种腌菜，传统做法基本都是把菜处理好之后，放进罐里，接着往里面倒进醋和其他调料，等密封起来再等一段时间才能大功告成。与上面类似，我也使用了真空装置，最后尝试证明，原本要等三四个小时才能腌制好的菜，我只需花三四十秒时间。"

"现在在中餐烹饪上，也会用到各种新的烹饪技术。那么，您的理念，有什么特别吗？"

"是的，中餐也会用到。不过，很多中餐师傅使用这样的方式，试图去提高效率，而最后的出品依然会是人们熟悉的中餐。也是用烧肉为例子，即使中餐厅运用了真空机，但烧肉最后上桌时依然是烧肉。但是，我会继续研究运用新的方法，让烧肉有魂无形。最近我们的烧肉做法,是先将烧肉拿去煮汤,取出肉后把它打碎成像雪糕一样的柔软绵密质感。因此,当烧肉上桌时,客人根本想象不到它原本就是烧肉,但吃下去就体验到烧肉的味道,因为它本来就是一块烧肉。"

(三)一个平台

在加拿大长大的谭绮文,中餐其实也是她生活的一部分。自然而然,那时她觉得自己所吃的就是中餐,等真正来到中国之后,她才发现,原来跟在加拿大吃到的区别很大,而且不同的省市,地方菜也有着天壤之别。为此,惊讶之余,更多的是好奇。除了从她自身的视角,她同样觉得,其他大多中国人也很难分清各个地方的菜系。一方面是因为中国很大民族又多,另一方面也是由于中餐是大家每天都接触的食物,像是一种本能的习惯,仿佛熟悉到不用花心思去了解。

琢磨透自己的心意后,谭绮文对前面的路有了更清晰的认知:希望 Obscura 餐厅能成为一个平台,当中国各地的食客聚集在餐厅里时,不仅能感受到自己的乡愁,也可以让大家(重新)认识自己家乡以外的食物。

抵达"认识"的路,四通八达,而谭绮文坚信能为人们带来启发和思考的细枝末节,才够深刻,因此她选择了"打破",赋予了传统食物新的活力,目的却是突出经典的魅力。以福建名菜——福建姜母鸭做例,姜和鸭这两种食材,估计是大部分人对这道菜的认知,但里面不能少了黑芝麻油和当地产的米酒,只有配齐了,才能制作出像样的姜母鸭。所以,谭绮文在创作这道菜的时候,会将黑芝麻油、姜和米酒拆开,分别摆放在碟子里,在用餐的时候,只有把鸭子蘸上这三样配料,才能感受到姜母鸭的风味。

"中餐很丰富,但至今在全球的声誉和知名度仍不够高,其中一个原因是连中国人自己都还没有足够的认识和了解,更多的只是停留在浅层的习以为常。有一次我去东北,见到大酱的时候我就问当地人,这有什么特别吗?他们无法告诉我答案,主要是因为当地人认为它过于普通,以至于不需要去研究它的特别之处。虽然当地人不懂所以然,但他们也是有着本能的讲究,蔬菜、肉、面食等,都需要搭配不同的酱才好吃。我作为一个外来人,以及一名有科学背景的厨师就会思考,各种大酱与菜品的搭配原理,比如搭配鸡肉的大酱,是不是它的发酵时间会更长、盐分更高,或者是加了特定的调味料,然后就会去搜集资料、做实验与研发。"

最近,她在看一部主要讲传统京剧的电视剧,虽然她发现里面有不少虚构的故事情节,但却能让她找到很多的灵感。其中,剧集有描画人物在阁楼里看京剧,边看边吃东西。里面有很多小细节,比如说以前的食物主要以小份、套餐形式呈现的,可能不是一道一道上桌,但是每一道的分量都自带细腻与精致,还有故事,这跟现代普遍认为的中餐要大气,有着截然不同的认知。

不过,这几年中餐逐渐从大气开始走向精致。看似是因为受外国高端餐饮的影响,传统中餐意识到自己也需要变得更讲究一些,所以努力变得优雅。但真相是,其实史料一直存在,很长一段时期以来,中餐对精细与美的追求是非常挑剔的,连每一个盘子都精挑细选,可能秋天的时候,就要搭配上带着杏花的盘子,而且讲究摆盘。

谭绮文很希望某一天,当积累足够充足的时候,找出一个"起源点",一个她觉得当大家讲起中餐,就都能联想到的点。然而,这个点很难,因为中国历史太悠久,不同区域和民族的食物太多彩,而自己的认知却还很有限,所以她只能继续寻找。

万物灵而多元,又在此消彼长的条件下持续演变。大多因为时代变迁，线索难以追根寻底；但有心人，怀着期待而忐忑的勇气，心甘情愿承受攀山涉水的辛苦，发现蛛丝马迹。对于像谭绮文这样内心坚如磐石的人来说，更是如此。因此，在重新挖掘、诠释中餐这个大命题面前，除了继续探索，别无选择。

◆ 冬日暖意 ◆

　　2016年，谭绮文与先生王思鸣踏上中国烹饪之旅。抱着想要认识更多中国饮食文化，以及重新建立与自身联系的愿望，他们有了国内环线游的计划。在一次次的旅行中，当地人都很乐意跟他们分享自己与食物的点滴与联系，慢慢他们就发现，中餐的底蕴除了其烹饪技术与食材外，还有更多深刻而真诚的情感维系和内涵。为此，他们回归到基本，带着"中国人是怎样认识中餐"的问题，进行料理创作。

　　中餐悠久的文化历史让人心动，他们也被很多好食材吸引。作为厨师，创作迷人的料理是他们的信念，此外他们也觉得有责任为行业带来一点积极的改变。尽最大努力尊重食材，是他们非常注重的事情，它不仅关系到料理出品，而且食材与种植者紧密联系在一起，于是从尊重食材到在源头上给予生产者以支持，他们希望能做更多。

　　在他们厨房使用过的许多本土食材中，其中一种在谭绮文心里占据特殊地位的食材，是产自山东的一款平实的地瓜。在一年前，山东的食材合作伙伴向他们推荐了这款独特的地瓜。它的果肉洁白如玉，却有着黄地瓜的软糯，还有橙地瓜的清甜。

　　谭绮文把地瓜放到热木炭上慢烤，糖分慢慢转化，地瓜也随之变得焦香柔软；等地瓜完全煮熟那一刻，它会释放出舒服迷人的香气，让她想起在香港度过的童年时光。在高耸入云的摩天大楼之间，

155

时常会看到有小贩推着装满烤地瓜和板栗的推车，穿梭在繁忙的街道间叫卖。它的香气实在太诱人了，你只要顺着空气中四溢的香气，很容易就能找到这种便宜、好吃又有营养的食物。

起初，谭绮文和王思鸣的合作伙伴因为担心这款地瓜无法像其他品种一样受市场青睐，所以对种植这款地瓜的态度很犹豫。可是他们觉得它特别好，所以一直鼓励他去种植，并且坚持对其品质进行改进。前后讨论了一年，他们终于获得了喜人的收成，于是他们就自豪地把它放到菜单里。

与其他许多食材一样，地瓜的味道很容易被盘子中其他强而有力的味道所压倒，这让谭绮文想把地瓜的迷人之处表现出来。于是他们创作了这款寒冬中的烟火气甜点，最后添加画龙点睛之笔，通过餐桌服务点燃朗姆酒，当地瓜香气四溢时，人们能感受到熟悉的街头味道。

1. 地瓜蛋糕

食材

黄油 75 克

白砂糖 30 克

海藻糖 15 克

全蛋 75 克

地瓜泥 60 克

地瓜皮粉末 5 克

蛋糕粉 45 克

制作方法

（1）将烤箱预热至 190℃。

（2）把白砂糖和海藻糖放入软化了的黄油里，后进行搅拌，标记为 2。

（3）把鸡蛋分两次加入经搅拌均匀的 2 里，直至完全乳化。

（4）接着加入面粉和地瓜皮粉末，后轻轻搅拌。

（5）放进烤箱烘烤 15 至 20 分钟，呈现金黄色即可。

2. 炭烤地瓜

食材

地瓜泥 50 克

水 25 克

海藻糖 20 克

蔬菜凝胶（卡拉胶）3 克

木炭粉 1 克

制作方法

（1）将所有原料放入锅里。

（2）用小火煮至变稠状，其间注意搅拌以防止变糊。

（3）煮好后将之移至托盘里，静置冷却凝固。

（4）将之切成木炭形状的小块。

3. 地瓜皮脆饼

食材

地瓜泥 70 克

地瓜皮粉末 1.5 克

海藻糖 20 克

盐 0.5 克

制作方法

（1）将烤箱预热至 190℃。

（2）将所有原料混合在一起，后搅拌均匀。

（3）把搅拌后的地瓜泥放入模具中，重塑成地瓜形状。

（4）烘烤约 30 分钟，或者其颜色呈金黄色即可。

（5）放入密封容器中存放备用。

4. 开心果酱

食材

开心果泥 20 克

地瓜泥 50 克

水 20 克

西班牙索萨柑橘纤维乳化剂 0.5 克
盐 0.5 克

> 制作方法

（1）将所有原料混合在一起，后搅拌均匀。
（2）过筛，让果酱更细腻。

5. 豆蔻奶油

> 食材

豆蔻牛奶 100 克
卡拉胶 1 克
白砂糖 30 克
海藻糖 30 克
可可脂 60 克
普洱茶粉 2 克
奶油 240 克

> 制作方法

（1）将豆蔻牛奶、卡拉胶和白砂糖放入锅中煮至沸腾。
（2）加入可可脂，融化即可。
（3）用手动搅拌器进行搅拌和乳化，均匀即可。
（4）加入普洱茶粉和奶油，搅拌至光滑。
（5）放入冰箱中冷藏过夜。取出后用搅拌器进行搅拌，静置备用。

6. 组装

食材

酒精百分比含量高的朗姆酒
地瓜皮粉末
姜糖

制作方法

（1）将开心果酱摊在盘子上。
（2）把地瓜蛋糕铺在开心果酱上，再加一球豆蔻奶油。
（3）往奶油上加入切薄的姜糖片，后加入地瓜皮脆饼。
（4）在周边放置炭烤地瓜。
（5）淋上朗姆酒并点燃，以激发出烤地瓜的香气。

小贴士

（1）在炭烤地瓜时，为了将地瓜浓郁的味道激发出来，建议尽可能慢慢地烤；如果外皮出现烧焦的状态，能带出地瓜更深层的味道。

（2）淀粉含量较高的地瓜，适合用于这款食谱。

（3）与陈年的熟普洱茶相比，使用生普洱茶的效果会更好；其他风味厚重的红茶也可以。

（4）为了让地瓜甜点的含水量降到最低，新鲜的地瓜最好是先放入烤箱烘干或者放在烤炉上烤炙，这样才能得到合适的地瓜泥。

黎俞君：
让人感动的法式料理温度

没有立志成为名厨的野心，只想纯粹做自己的料理，
对烹饪的热爱和好奇，黎俞君（Justin Li）成为台湾首位法式料理女主厨。
并非从台湾在地饮食方式出发，
更似在无限靠近法式料理中，寻找传统与创新的平衡；
时间，让她把过去、现在与未来的料理串联起来，
料理感动人的温度，刚刚好。

2017年10月，全新的盐之华 Fleur de sel 开幕。位于台中市西屯区市政路581-1号的新址，与旧址（五权西路）隔得不远。当时因为租约到期，黎俞君（Justin Li）决定结束经营了自2004年开始营业的盐之华。因为放不下跟随多年的团队，她决心重新觅址，开启新一代的盐之华。

入行多年的黎俞君，很早就有"台湾西餐教母"的赞誉。通常，如果厨师本身获得如此认可，那么他们大多都有扩大"版图"的意愿，最后收获更多的荣誉、资源、金钱和地位，全球名厨比如 Joël Robuchon、Alain Ducasse，就是特别典型的例子。所以，当黎俞君有新餐厅计划时，就收到了在台北开新餐厅的投资邀约。

哪怕知道生意会做得很好，但黎俞君并没有做太多的犹豫和挣扎，就放弃了。因为她清楚，她更为珍视的东西，是自己是否会开心地做料理，料理是不是一直都好吃，她是不是在经营有温度的餐厅。而台北，或许无法满足她。老餐厅一些常客朋友有点惊讶，也好心提醒她，台北有米其林指南，台中没有，但也无法改变她的心意。

2020年，首届《台中米其林指南》发布，盐之华获得米其林一星餐厅的荣誉。虽然获奖从来不是黎俞君的目标，但作为一家非法国籍的法国料理餐厅主厨，能受到法国的美食榜单认可，是一种莫大的鼓励。在台湾出生和成长的黎俞君，却能做出正统的法国料理。说它正统，更准确的是指灵魂，而非一板一眼的传统。

说不清该归功于天赋、后天努力，还是爱，抑或三者都有，黎俞君对法国料理有极度敏锐的领悟力。一般来说，厨艺可以通过训练在短时间里获得大幅度提升，但对不同饮食文化的理解则不然，往往需要花费更长的时间和精力。因此，如果没有在当地长时间的生活经历，几乎很难去培养出合格的味蕾。而这种对于饮食文化的理解，恰恰在某种程度上决定了料理的深度。

"我的料理既涵盖了很多传统和现代的东西，又掌握到最新的烹饪技术，所以我就可以把过去、现在、未来的料理精髓打通，最终创作出不会让人觉得太沉闷，也离前卫有点远，不过却能让人感受到温度的料理。对我自己来说，抓住重点了。"

◆ 料理大梦，想做自己的料理 ◆

天赋，本就是可遇不可求之事。有人很幸运，很早就发现，并始终善待；有人则不然，得先把自己最难堪的部分层层拨开，才找到光。在看黎俞君的书《人生不怕》时，我想她应该属于后者。在首章的开篇语，她说："我不爱读书，常常人在教室，心里都是想着其他与课业无关的事，不管老师或担任教职的父亲如何打骂或好言相劝，就是提不起劲来。但，如果不读书，我的下一步会在哪里？"

163

从中学假期在面包店打工，再到高职在台北某饭店后厨听到后厨师傅的一句"怎么样，要不要来这里工作？"后不久，黎俞君做出了遭到全家人反对，却从此改变了她人生轨迹的决定：放弃学业，一个人到台北。那年，她17岁。

现在回头看，当时的义无反顾是梦想，但对于生长于台中彰化的小镇姑娘来说，更多是受到内心强烈的冲动、热爱和好奇驱使，去探索这个世界和自我，还有养活自己，根本无暇顾及更长远的事。等心里萌芽了想要了解西餐料理的念头时，黎俞君已经在台北埋头苦干了7个年头。

每件事情的发生，大多有先后次序，所以一路遇见一路成长，是常态。如果说当年"勇字当头"出走彰化到台北，是黎俞君的第一个人生转折点，那么第二个就是走进了意大利料理的世界，还有回归台中。

我觉得黎俞君的性格里，有着与生俱来那种强大的好奇心。虽然藏着自卑感，但好奇心就像铠甲和光，引领着她不停地闯关，比如意大利料理，到底什么才是道地的，还有怎么才能做出正宗的意大利料理，是她想得最多的问题。于是，她跑到意大利学习，后来在台中创办了意大利餐厅Papamio，为90年代后期的台中带来了极为传统的意大利料理风格。

餐厅的经营状况很好，某种程度上也奠定了黎俞君在台中业界的地位，本来沿着原本的跑道，应该会越走越好。但是好奇心，又把她推到了另一个世界，也是她心之所属之处，那就是法国料理。其中的渊源是，Papamio的一位法国客人，有时会主动要求到餐厅厨房里，做一些法国料理，然后跟大家分享。

黎俞君确实也发现，到了一个阶段后，自己对意式烹饪已经掌握得很不错，从南到北，从比萨到火腿，她都有了透彻的了解，还跑去考了橄榄油的品油师执照。不过，其中最主要的原因之一，是黎俞君对法餐文化的认同："在意大利餐厅用餐，通常是等客人下好单后，厨师现场去制作；但法餐的做法是，客人安心地把自己交给厨师，然后厨师为客人准备好一整套的料理，最后向客人交付心意，我喜欢这样的概念。"

与当时学习意大利料理的方法一样，她把自己放到法国，然后疯狂汲取知识。一年半之后，她从法国回到台中，结束 Papamio 的营业，全心投入法国料理。2004 年，第一代的盐之华正式对外营业。

那个时候在台湾开法式料理餐厅，被称为"票房毒药"，不管是有酒店集团背书，还是有大集团支持，基本上都是赔钱的。虽然知道这种残酷的现实情况，但黎俞君自知，这无法阻挡自己的心。她不仅没有做商业考量，甚至连餐厅的定位和概念都没细想，只是想着做一个有轻松感的小馆，有 20 多个座位，然后要把自己在法国学到的、喜欢的家常料理做出来，比如蜗牛、花腿。

不管是意大利料理，还是法国料理，作为一名外国厨师，"传统"二字是绕不过去的坎。不过假设没有做好长线准备，那结果大半会不尽如人意。说到底，一方水土养一方人，饮食记忆亦是，尤其是人在早期的成长阶段，几乎会影响其一生。虽然黎俞君对西餐有很好的领悟力，以及超乎常人的敏锐，但在初期还没形成自己风格的时候，也是一头扎进了传统而家常的法国料理。

与现在法式餐厅相比，初期的盐之华是欠缺严谨的。碍于当时台湾法式料理空白，即使是很家常的法国菜，黎俞君也不一能找到合适的食材，于是黎俞君转换了创作思路，就是先思考创作的内容，再去找食材；而不是像现在有很多的食材及选择，厨师有因材而作的自由。

因为此前意大利餐厅做得成功，积累了一些老客人，于是他们会抱着尝试的心情去盐之华。但是，人们对意大利和法国料理的认知与期待值是有差别的，前者无论在价格还是用餐体验上，都显得更加地平易近人，结果是法国料理的市场反应平平。连黎俞君自己也觉得，当时的出品不是很稳定，有时候觉得真的非常好，有时又觉得有点不对。

看着不尽如人意的市场反应，黎俞君开玩笑说，如果是换成现在，说不定会动摇。但以前的她，一丝丝犹豫都不存在。一是年轻，体力非常好；二是渴望学习，每天就想着要去学新的东西，根本没有多余的时间去想到底要不要停下来。从业接近 40 年时间，黎俞君自嘲是自己傻乎乎的性格，只懂一直做一直做。

◆ 风格：做自己的电影 ◆

"初期的出品，我就是把自己在法国吃过、喜欢的传统味道呈出来。我觉得，在我们还不成熟的时候，我们是处于一种模仿的状态，向博古斯、阿拉杜卡斯这些名厨学习他们的料理。后来，才慢慢形成了自己的想法。"

2010 年前后，分子料理美食学从西班牙兴起，很快在全球流行起来，包括台湾。黎俞君看到台湾有很多人在买卖一些创新的设备和产品，但似乎很少人懂得使用。这些改变激发了黎俞君的好奇心，于是她和一位在法国出售相关产品的贸易商去了西班牙，直接到当地的分子料理实验室，学习他们新的想法和产品。

分子料理美食学是一个系统，它对业界的影响也是立体的，从技术、分子结构，到烹饪方式，每位厨师都有侧重。至于黎俞君，当时她很感兴趣的是：西班牙料理实现从传统到前卫的转变，到底是什么？传统的西班牙料理，按照她的分析逻辑，通常很好的食材表现却很简单，可以说是略显粗犷，但很有趣，厨师在进行创新时，反而包袱很少。她注意到，当时在西班牙，基本上只有传统和前卫两种料理，中间存在一个断层。这让她很想去找到把两端联系在一起的秘密。

她找到的答案是，西班牙的厨师会把一些普通，抑或是被嫌弃的食材，比如内脏、鱼的眼睛和尾巴，化腐朽为神奇，最后登上大雅之堂。事实上，这种物尽其用的处理方式和台湾的文化如出一辙，戳中了黎俞君的价值观。

更具象来说，西班牙厨师运用新的烹饪方法和技巧，比如说提取苹果和蔬菜的胶质，去提升传统观念料理，一方面让整个烹饪过程变得更容易操作，另一方面是瞬间就让习以为常的传统变得前卫，这仿佛有着从脚踏车到火箭的距离。

从西班牙回到台湾后，黎俞君决定把自己的"框"打破，开始突破传统。

随着人生经验的积累，她慢慢整理出自己的风格：不单调也不前卫。不过，随后大概有5年时间，她对自己的创作缺乏信心，潜意识里总想要让每位客人都能有绝妙的用餐体验，所以她在一开始就想好要带给客人的感觉，有时会想成一部电影，有时又会是一首歌。虽然很享受，但每天很忙碌。而且当时的她心生怯意，很多时候在面对客人时，欠缺了一点落落大方。

到了决定要开第二代盐之华的时候，黎俞君准备好了。对于自己的料理出品，她是自信的。第一个很明显的表现是，她不再从联想电影或音乐出发，而是回到她自己身上，她变成了导演的角色，客人作为观众去感受和体会"她喜欢的电影"；第二个就是觉得可以自如地去创作，比如说，餐厅有一道招牌菜叫千层猪肉，黎俞君选用了台湾本地产的猪肩肉、杏鲍菇、自家发酵的黑蒜头和辣椒去表现，最后连自己都感到满意。如果是换成以前，就算是运用一模一样的食材和方法，黎俞君可能就会考虑很多。

◆ 料理哲学，基本与恰到好处与台湾味法餐 ◆

料理哲学，是一个常被提起的词语，用以解读主厨的创作理念和风格。不代表所有人，只基于我个人的采访经历和了解到的信息，我认为大部分情况下，料理哲学虽大同小异，但里面藏着厨师的真实性格。

真诚，是我对黎俞君料理创作的印象，也是对她性格的认知。从当年懵懵懂懂地辍学、入行，到踏入意大利料理，再到找到挚爱的法国料理，她都愿意直面自己，然后抱着坚定而炽热的心去靠近，即使没有尽头，她也只管向前走，直至她的心有了变化。

她的料理哲学，一如她的朴实和诚恳，很想一切能够做到恰到好处。这不是经过精心设计过的一句话，而是她常跟自己后厨年轻师傅们的一句唠叨。虽然听起来很笼统，但她认为很重要。用台湾人对待甜咸的耐受度来举例，台南当地人喜欢甜，所以甜度高的调味会适合他们的味蕾，相对来说，台中居民就没有那么嗜甜；所以如何拿捏调味，怎样平衡层次等的小细节，厨师需要不断地去进行了解和调整，不是容易的。再比方说酸味，这是黎俞君很喜欢的味道，所以她会对酸度高低和层次进行调整。因为台湾有丰富的水果，让她想到可以用发酵的方法，获取最佳状态的酸。

料理哲学是恰到好处之外，还得遵循基本——四季与风土。

"2022年春节，我用橘子创作了一道开胃菜。橘子的产地，是台中的丰原县，那里产一种叫椪柑的橘子。椪柑的外表长得很蓬很饱满，看着很吉祥；剥开一看，果肉并不多，但尝起来味道非常甜美，汁水也很足。

"我小时候最爱吃的水果，除了荔枝，就是椪柑，到现在我也对丰原的椪柑情有独钟，这是我的记忆。于是，我想到往椪柑外层裹上一层薄薄的蔬菜明胶，最后放到向日葵的中间。椪柑的外表就像金黄色的球，一口咬下去椪柑就会爆开；它的味道很基本，就是椪柑的味道。

"通常，我都不会对料理做太多的调味，基本上我只用到两三种食材进行调味，比如发酵了的豆子、腊肉，我并没有把食材加进去，而是稍微提炼出它们的味道，然后加入料理中，让料理在简单中藏着饱满。"

◆ 永续 ◆

我曾经在一篇文章里写道：

"可以说，在之前将近 10 年的时间里，可持续餐桌议题在很多欧美国家得到响应，不仅是餐饮从业者，而且还包括科学家、农产品生产者、学者，甚至是政府部门也共同参与。其中，最早引起大规模关注的，要数由全球名厨 René Redzepi 于 2011 年发起的 MAD，它起初是一个在丹麦首都哥本哈根举行的美食论坛，为期两天的时间里聚集了来自全球各地的 300 名主厨、餐厅经营者与美食作家，共同讨论食物的未来。由于 MAD 第一次把食物与社会责任联系起来，并希望能集合全球的力量去实现可持续概念，所以现在它已经发展为一个致力于提升、改革我们现行饮食系统的非政府组织，通过向主厨、餐厅、社区去传递或分享可持续餐桌相关的前沿信息，帮助他们去做出有利于可持续发展餐桌、有利于人类生存环境的改变。"

2018 年，由 René Redzepi 与 David Zilber 共同撰写的 *The Noma Guide to Fermentation* 出版，引发了全球对发酵的关注。业界认同发酵能为食物的将来做贡献外，还不休止地探索它的可能性。

之前为了解开对发酵的疑惑，我也专门联系了来自西班牙巴斯克地区（被称为全球人均米其林星星最多的城市 San Sebastian 就在区内）的美食实验室 BCulinaryLAB（巴斯克烹饪中心的一部分）时任首席研究员 Blanca del Noval。

"发酵，怎么支撑起食物的未来？看它处理食物浪费的能力吧。当全球名厨各'开脑洞'去把食材变废为宝时，发酵是一种接近自然、而后回馈自然的科学方法，原因在于整个过程就是靠与自然的合力作用去完成。以西餐里常用的柠檬为例，肉多汁水丰富，但强烈的柠檬酸与些许的苦涩，决定它多用作点缀，以提升主食材的风味。于是，把它丢进垃圾桶是常用的做法（现在一些知名的餐厅，会把厨余垃圾进行生物降解变成肥料，再重新利用）。不过，当把柠檬进行发酵，它那些酸涩的风味会被转化，或许我们能给把原来苦涩最强烈的部分都吃掉，也能把它用来搭配沙拉、汤品，甚至是肉类。当然了，前提是我们知道食材的特性、正确的发酵方法。"

除了发酵与反对食物浪费，野生植物也是实验室专注的方向。不仅是因为植物能为发酵提供很多新的食材和风味，而且也能为我们的餐桌与农田增加生物多样性，最终帮我们更好地认识它们的价值，还有了解森林绿植的丰富性。

最近，实验室正积极与全球厨师、科学家合作，共同研究他们在西班牙境内找到的一些野生植物，比如荨麻、橡树，希望能更好地认识它们，并找到最合适的发酵方法。

黎俞君没有看过我写的这两篇文章，但她在做的事情与BCulinaryLAB 有异曲同工之妙。在 2021 年台湾受新冠疫情影响比较严重的那段时间，因为餐厅暂时不能营业，但已经提前储存了很多食材，她在没办法的情况下就想到了发酵。

黎俞君想起小时候，奶奶特别喜欢发酵，几乎每个季节当季的食物，像萝卜、梅子、芒果，她都会利用起来。即使当时年纪还很小，但这些片段一直都留在黎俞君心里。等开餐厅后，她时不时也会这么做，但由于时间和精力有限，因此只是零星地进行。

当自己做了一些发酵实验（百香果、芒果、芦笋、萝卜、蔬菜等）后，就感受到它的好。整个过程，只需要肯花耐心和时间，它就会告诉你答案。让黎俞君没想到的是，对发酵的尝试，丰富了其料理出品的味道层次。"看起来其实没有什么改变，但比方说一块牛肉，它只是用了一个很基本的酱汁进行搭配，但客人在吃的时候会感受到酱汁里带着微微的辣味，而这个辣味可能就是来自发酵的辣椒。"

171

现在黎俞君也是每天都会做各种的尝试,其中一个是关于野菜的。这些野菜一部分是团队从山上搜集回来的,但更多的情况是从山民那里获得的。团队发现,大部分可食用的野菜,有着更为突出的风味,这为料理带来更好的表现,所以餐厅在野菜的使用上变得更加开放和大胆,有的直接用来代替新鲜的蔬菜,有的用作发酵。出于食物安全的考虑,餐厅在发酵时使用了新式的方法,就是真空发酵。

除了发酵,盐之华在可持续餐桌,或是永续问题上也做了很多的思考和行动,不仅所有的蔬果都是来源于台湾本土使用友善耕种方式的农民,而且所用的一切食材都不会对环境产生影响。下一步,她觉得如果能够建立自己的农场,以及在餐厅运营上做节能增效,那对永续是有帮助的。

另外,人也是永续的重要组成部分。整体上来讲,餐饮并不是一个获利很高的行业,它无法跟很多行业相比,很多从业人员都是对料理有爱,才坚持下去。不管是站在餐饮经营者的立场,还是处于主厨的视角,她都认为,从业人员需要有充分的保障,才能让他们的热爱得以持续。"并不是所有人都得要去做科技、金融、房地产,每个行业都有它存在的必要。如果没有了美食行业,那不成了美食沙漠吗?"黎俞君餐厅的同事,每年的薪资待遇都有提升,甚至比台北的平均水平还好。

人的永续,还体现在代代传承上,她提醒自己也鼓励同行,把自己所掌握的技术和知识,传递给下一代,只有这样才有鲜活的料理。

◆ 池塘 ◆

　　这道料理是黎俞君以儿时的回忆为灵感创作而成的，她说几十年前，到处都是没有受到污染的溪流和河川。2021年去花莲、台东旅行时看到池塘的景象，勾起了她儿时的回忆。所以，后来她创造出了她心中池塘的画面：以柔软的奇异果冻铺面做池塘底，鱼子酱似蝌蚪般在池塘中游动，而由台湾小农栽种食用花朵玻璃苣花做点缀，烘托池塘的缤纷热闹。

食材

鲯鳅生鱼片 1 片

奇异果清汤 300 克

果冻粉 2 克

吉利丁片 1 片

奇异果果汁 300 毫升

黄原胶 8 克

希腊酸奶 500 克

奶油 235 克

葡萄糖 17 克

樱桃葡萄少许

橄榄油少许

鱼子酱少许

海盐少许

玻璃苣花少许

制作方法

（1）将鲯鳅鱼熟成 7 天后，取出将其切成长为 11 厘米、宽为 3.5 厘米、高为 0.3 厘米的生鱼片，并卷成直径为 3 厘米的圆柱体。

（2）往奇异果清汤中加入果冻粉和吉利丁，冷藏至奇异果冻块。

（3）把奇异果果汁和 3 克黄原胶混合，静置冷却成奇异果酱。

（4）把奇异果冻切成直径为 12 厘米、厚度为 0.3 厘米的果冻块，放入底部平整的盘子里，再淋入 15 克奇异果果酱。

（5）往希腊酸奶中加入 5 克黄原胶、奶油和葡萄糖，冷冻成酸奶球后将其分成直径为 2 厘米的酸奶球。

（6）往奇异果冻中加入圆柱体鲯鳅鱼、三颗酸奶球，并撒上少许的樱桃葡萄、鱼子酱、橄榄油，最后以玻璃苣花做点缀。

尹莲：
中式甜点为本的蔬食甜点

坐落于北京雍和宫旁的蔬食餐厅京兆尹，
自 2020 年以来，连年蝉联北京米其林三星餐厅荣誉，
并获颁米其林绿星奖，
成为国内可持续发展绿色健康生活理念的先行者。
甜品主厨尹莲（Mia Yin），作为京兆尹的传承人之一，
致力创作源于爱心、尊重生命、用爱烹调、亲近自然本味的蔬食甜点，
延续餐厅倡导本源、自然、健康、真味、乐和、蔬珍、慢食、可持续的生活
方式与文明。

"从生命一开始,大自然就向我们人类心灵里灌注进去一种不可克服的永恒的爱。亲近自然是一种本能,小时候我经常会和家人带着狗狗一起去爬山,到森林里散步,去海边吹风,看着太阳升起落下,然后拿起相机记录下它的美好。

"我很喜欢自然的味道,尤其雨后泥土和花草清润的气息;我也喜欢自然的变化,就如同四季更迭的美妙。自然于我而言,不只拥有孕育万物的伟大轮廓,更是我最亲密的伙伴,它陪伴我成长,给予我创作的方向,也让我收获了很多人生的幸福回忆与感动瞬间。"

有人说,天时地利人和是一种幸运,但或许它更是一份修来的福气。在崇尚自然生态的加拿大出生和成长,使尹莲从小就懂得人与自然和谐共生的关系。尹莲天生对小动物有本能的爱,那时还小,她内心就已经渴望长大后成为一名动物医生。等稍微长大一些,又发现自己对大自然充满好奇和敬畏,就立志成为一名有机生态农业专家,希望自己能为保护环境,以及所有生物的健康做出贡献。

加拿大丰富的自然资源,让尹莲很早就知道,人类的行为会对气候变迁带来影响,也意识到保护地球自然资源的重要性。因此,尹莲下定决心,要致力于研究对人类、地球和自然生命有益的健康蔬食。

之所以是蔬食,除了它对人与自然的积极影响外,还因为尹莲自己。之前看过一些关于她的报道,媒体都喜欢把她称为"胎里素",我也认为非常贴切。从爷爷一辈开始,家人就开始了蔬食的饮食方式,尹莲的爸爸妈妈也是,因此在妈妈肚子里的时候,就注定了她与蔬食将要相伴一生。

古语有云:三代富贵,方知饮食。尹莲的祖辈和父辈都是美食和厨艺爱好者,对美食的天赋与热爱似乎早就印在了家族的基因里。在尹莲的回忆里,每次谈到吃,家里长辈们就会滔滔不绝,而家里的厨房也成了大家的美食研发中心。在成长过程中，得到父亲的引导，再加上看到哥哥对蔬食烹饪和美食艺术的追求，她受到很深的影响。

尽管美食早就是自己和家人生命中重要的一部分，但尹莲并没有计划走爸爸和哥哥的路，等到了进入高中，生态农业专家的梦想才发生了转变。这种变化更多是自我的发现，当时她想，从小在各国文化交融的温哥华成长，得以有机会吃到各国的料理，其中总能让她感觉开心的是甜品。于是，她开始对绿色有机蔬食和西点的结合创作产生了兴趣，并开始研究健康蔬食糕点的艺术创新，自然有机与养生食材的健康烘焙创作。

毕业后，尹莲决定要成为一名甜点师，想把自己吃蔬食甜点时感受到的快乐分享给更多人，也希望可以通过蔬食甜点让更多人了解蔬食，关注地球环境，从而影响人类的饮食文明，于是进入蓝带厨艺学院英国伦敦分校学习。

❖ 料理风格形成 ❖

（一）从自然出发，回归自然之味

2017年从蓝带毕业后，尹莲先后在法国米其林餐厅 Hedone 和 Maison Lameloise 实习。和其他同行的感受一样，从厨艺学校到米其林餐厅的身份转变，使人蜕变。那里有专业而严谨的工作态度、方法和精神，成为每个人进步的动力。而且，这样的影响以后也会一直伴随左右。

当时是实习期，尹莲处于磨炼技术的阶段，基本功其实还没达到她自己的期望，因此风格就更谈不上，但由于每天都在高度严苛的状态中工作，所以得到很多深入学习的机会和体验。即使不是蔬食餐厅,也并不妨碍她的学习,反过来还能打开她的眼界和思维。因为西式甜点的烹饪有它的技术和要求,而且要配合整套菜单的研发,尹莲会在日常工作中记录下每一个她觉得值得学习的想法,也会对食材、配料按照口感、口味进行分类整理,将之灵活运用到她在闲暇时的蔬食甜点创作里,比如说,当缺少某一种食材时,自己如何利用其他可用食材来达到更好的口味呢?

还有,让尹莲收获最大的一点是,需要更加注重甜点的出品品质。她对其理解是从天然的食材入手,最后回归到接近自然本味的甜品创作。

"接近自然本味的甜点?"

"嗯。接近自然本味,首先要严格选用当季最新鲜的食材,优先选用当地自然农耕、超有机、有机、绿色天然食材与时令食材,尊重自然生态规律,讲究不时不食,采用健康烹调方式,秉持低油、低脂、低糖、低热量、无化学添加、无色素的烘焙原则制作出品,还原食材最自然的味道。"

"在创作接近自然本味甜点的过程里,哪些元素是重要的?"

"首先是应季,食材一定是符合当下时令的,再者需要注意营养均衡搭配,其次是味道的还原,一份甜品入口,可以品尝到每个食材的纯正滋味。"

我始终相信,想读懂一位厨师的料理创作,理解厨师的文化背景很重要。出品的呈现是厨师的乐章,至于乐章是怎样创作而成的,去走近厨师的文化背景,可能会更加懂得乐章的韵律和符号。尹莲,在温哥华出生和成长的华人,中西方文化是她的符号,在两种文化的碰撞和共融中找平衡,似乎是她的本能,包括创作。而且,因为家里的原因,尹莲从小就跟中式点心结缘。

"我爷爷那一辈就是美食家,到我爸爸,再到我是第三代。爸爸很喜欢研究食材,妈妈和姐姐喜欢研究甜点。爷爷是北京人,有

吃老北京甜点的习惯，他也做中式点心，所以常常会为家人做各种好吃的点心，那些甜点的味道，以及一大家子围坐在一起分享幸福时光的点滴，一路陪伴着我。家人对待中式甜点的心意，可能让我也耳濡目染，喜欢上了甜点。我从小就表现出浓厚的兴趣，很多时候他们在做，我就跑过去加入他们，整个过程我都很享受。我还记得，我最喜欢的中式点心，是宫廷奶酪，因为它和布丁很像。"

尹莲特别感恩自己是出生在这样一个三代同堂的美食世家，让她从小就能与中式点心结缘，而且很早就能养成对创新和研发的热情。后来在爸爸的引导下，她去学了西点。所以，中西合璧的甜点创作就变得顺理成章。从中式甜点的经典口味出发，通过西式的表现艺术，赋予蔬食甜点同时具备自然和创意的价值。

（二）绿色、健康、环保与可持续甜点

初中二年级那年，学校布置了一篇主题为"什么会影响大自然环境"的演讲稿作业。这让尹莲想到了蔬食。对她来说，这是一种本能的反应，因为她本来就是胎里素。做好决定后，她就开始了蔬食的研究之旅，也是从那时起，她正式开始致力于研究对自然和生命有益的健康蔬食。

之后，不管是进入烹饪学校，还是到国外的米其林餐厅工作，尹莲的方向都不曾动摇过。一点一滴在积累，也不着急非要早早就找到自己的创作风格。尹莲认为，自己的创作风格，也是在加入京兆尹后才一步步形成的。

决定回国，她觉得自己是做好了心理准备的。她先是到了上海一家星级法国料理餐厅工作，后来在 2019 年回到北京，正式加入京兆尹。

除了对自己在烹饪上建立的自信外，京兆尹给了她很大的鼓励。因为创立于 2012 年的京兆尹一直致力于可持续发展的绿色环保健康的饮食，也称为"爱的料理"：蔬食，不仅是实践低碳的环保生活方

式，更是一种爱的行动哲学，是慈悲高雅的文明生活态度，蔬食源于爱，尊重生命、用爱烹调，用心源于爱心。这也是尹莲心中的甜点风格，因此她有点迫不及待想要成为其中的一分子。

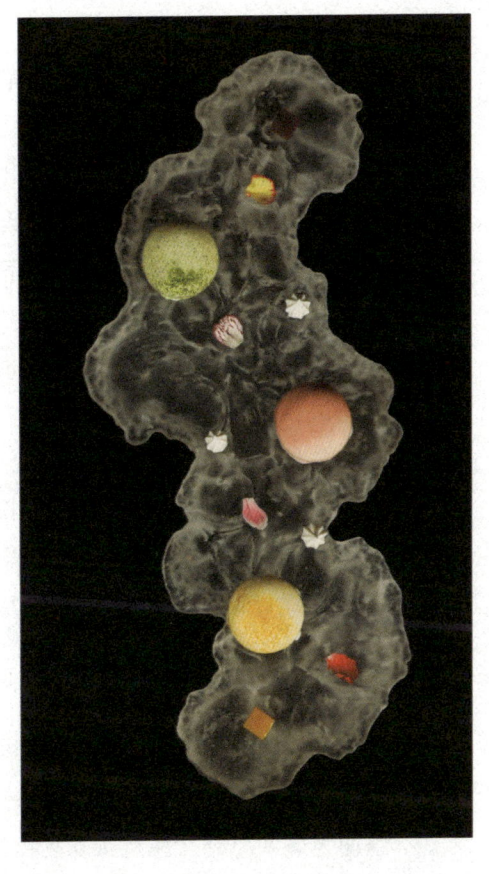

刚加入团队的时候，尹莲不仅带来了很多新的思考角度和方向，而且为之拓展了很多国际化食材的选择，以及在原有的摆盘出品及甜品种类上进行了一些改变。与出品相比，让尹莲感到少许担心的是团队协作。因为她在加拿大出生和成长，而且此前也是和国外的餐厅团队工作，所以她担心可能会因为工作习惯不同，与同事发生分歧，从而影响餐厅的运营效率。当然，后来证明她是多虑了。

在初期的创作，尹莲把更多的精力放在甜品的口味创作和呈现方式上，以英式下午茶为例，她在餐品菜单的搭配上，优先考虑的是一人还是多人食，然后再思考如何制作搭配；成长期的时候，会去钻研蔬食点心适宜的风格口味、摆盘、新品研发等；现在，尹莲也越来越"大胆"，包括对不同食材搭配，更新甜点的口味，尝试更有创意的造型，以及拓展丰富的口感。

以餐厅两道经典甜点为例。

新京艺小点，是一款传统与创意完美融合的点心，它包含了多款京味儿宫廷御膳点心的味道，如豌豆黄、山楂糕、绿豆糕。新鲜的食材搭配，健康的制作理念，创作出经典与时尚融合的美味，呈现方式借鉴法式经典慕斯。这是一款低糖、低脂的健康甜品，在原有宫廷点心的基础上与法式香草慕斯完美结合，激发味蕾，在融合与创新中，让口味更加丰富多彩，拥有超出想象的美好味道。

舒时小点，则是一道餐前小点，由三个袖珍可爱、风味独特的小甜品组成，精选应季的新鲜芒果、覆盆子、苹果入料，清新自然的果味为整体风味奠定基调，细细品味，又有逐步递进的微妙层次——先是拥有冰激凌质地的芒果口味点缀出法式萨布蕾的咸甜与酥软，到覆盆子、黑加仑泡芙的浆果爆浆口感，最后是肉桂苹果塔啫喱的顺滑，循序渐进，帮助食客在富有活力的果香中打开胃口，带来清新香甜的春季滋味。

"我们在选材上，非常严谨审慎。首先，每一种食材必须是纯净没有污染的；其次，选材需谨遵四季节气，依二十四节气严选食材，选用有能量的天然食材或有机食材，以低糖、低油、低盐、高纤、不添加为烹调原则。注意营养均衡搭配，呈现出蔬食五彩缤纷、芬芳自然的视觉与味觉效果。坚持以大自然的野生食材为优先选择，次第选用半野生、超有机、有机与绿色食材，以保证食材的品质和饮食最本真的风味。"

但由于蔬食的食材有限，所以想要更好地表现甜点，尹莲每天要面临很多挑战，以及需要反复思考的点，包括餐具的选用、颜色的组合、口感的提升、味道的层次、视觉的美感、营养的搭配、客人食用时的愉悦感。

在寻找风格的路上，有两位对尹莲影响极深的人。一直以来，他们在尹莲成长的过程中给予了很多鼓励与支持，在她迷茫的时候成为她最坚实的依靠。

尹莲的父亲，有很多观念影响着她，比如他说："因为和过去的自然环境不一样了，现在吃的很多食物都是经过集中饲养，而畜牧业的发展造成了水质、土壤、空气的污染，从而增加碳排放，最终造成全球暖化……"所以，他很早就提出应该要推广绿色、有机、纯净、健康、可持续发展的饮食理念，提倡慢食、慢生活、乐活生活形态，他推广的这一理念，还受到了哈佛商学院《哈佛商业评论》长达两年的案例研究，成为经典案例教材，用于当代理论借鉴与大力推广，这印证了他所提倡的饮食理念是具有前瞻性的。

他也常说："利人利己，民以食为天，我们每个人都要吃，这是生活所需，我们可以通过饮食来传递正能量、传递美好、传递爱心、传递大爱理念，使社会祥和，为人们带来健康喜乐，这就是有利于大众的事业。"于是，京兆尹早在成立之初，即已规划了自盈余提拨百分之三十用于素食发展、环保和公益慈善。自2012年至今，京兆尹每月不间断组织公益活动，带领越来越多的志愿者们加入多项社会大众的爱心活动里，例如环保健走净街，制作环保酵素代替化学用品，减少环境污染，同时减少厨余垃圾与食品浪费，奉粥，义诊，山区扶贫，参加文化雅集与教育推广，等等，以实际行动传递健康、环保的大爱理念，崇尚自然，关爱地球、尊重生命，倡导可持续发展的蔬食形态。

另一位是尹莲的哥哥，也是京兆尹的主厨尹浩（Gary Yin），他在蔬食烹饪上有着深远的造诣，通过食材的搭配与烹饪技法的交流，尹莲受益匪浅，在学习与提升中创作出更加自然、有灵魂的蔬食甜点。

◆ 中式甜点为本的创意蔬食甜点 ◆

问：您如何定义自己的创作，是现代中式蔬食甜点，还是中西合璧？

我从小就一直有接触中式点心，后来在爸爸的引导下我去学习了西点，意在把中国最传统经典的点心和西式甜品的造型及制作方式融合到一起，并有所创新，做出中西融合创意蔬食甜点。我希望把中式点心做得像西点一样精致可口、美轮美奂，让更多的年轻人喜爱并接受传统中式点心的味道，再将西点的摆盘装饰与食品营养科学融合到一起，在造型和制作方法中找到平衡，让所有的食客留下最美好的回忆。

问：您与中式点心有情感连接，但客观上，您认知中的中式甜点的美体现在哪些地方？

中式点心的美，美在饮食文化的传承，美在地域的风土人情，是时间的积累，岁月的沉淀。中式糕点虽小，心意却很大，很多点心拥有美好的寓意，如吉祥糕、团圆饼。历史上的文人墨客也有很多描写中式点心的词句，如：唐代李涛在《春昼回文》中提到"茶饼嚼时香透齿，水沈烧处碧凝烟"，宋代苏轼在《留别廉守》中写到"小饼如嚼月，中有酥与饴"。中式糕点不单单拥有精致的形容词，它与我们中国人的传统节日和人间风味紧密相连，不仅仅是好吃，它是有底蕴在的。

问：您认为中式甜点的价值被低估、文化在遗失，甚至说年轻一代不感兴趣吗？

我从不认为中式甜点的文化在遗失，正如我在上个问题回答中所提到的，中式点心是历经岁月沉淀的文化传承，是有底蕴在的。早先，人们"煮茶为食"，晋代开始有佐茶的食物，到了唐代有了"点心"一说，种类也开始丰富起来，结合中国地域风土，明清时期京城已经有著名的"京八件"，咸丰和同治年间兴起的广式早茶，等等，中式甜点沿袭至今并加以融合创新，口味更加丰富，造型更加精致美观，选择也更加多样，这也会更容易被年轻人喜欢。

问：中式点心，是一个很广的范围，请问您有比较关注的点心类型吗？

目前我比较关注京城传统点心。京兆尹餐厅比邻北京雍和宫，外观为四合院古建筑格局，介于成贤街国子监、孔庙、地坛、柏林寺等古迹与五道营胡同之间，游人如织，文化薪火相传，是一家富有传统文化艺术气息的素食餐厅。京城糕点，历史悠久，品类丰富，不仅味道上佳，而且每款糕点都可以拥有美好的寓意，文化内涵丰富。我们通过甜点向食客传达祝福，这既是文化的传承，也是心意的表述。

问：您有提到在创作时是从经典出发，请问您为经典注入现代烹饪和审美的方法有哪些？换句话说，如何重塑经典，将其变成您的创作？

从经典出发，指的是在烘焙过程中，有时候我会保留经典的食材用料、烘焙方式或者口味的搭配，在此基础上进行创新出品。比如之前提到的新京艺小点，是我们推出的一款传统与创意完美融合的点心，它包含了多款京味儿宫廷御膳点心的味道，如豌豆黄、山楂糕、绿豆糕。传统的味道搭配健康的制作理念，呈现方式借鉴法式经典慕斯，在原有宫廷点心的基础上与法式香草慕斯完美结合，激发味蕾，在融合与创新中，创作出经典与时尚融合的美味，让口味更加丰富多彩。

问：这些年对中式点心的理解有哪些变化？这些变化对您的创作有哪些启发？

现代新中式点心的做法，不再单单是传统的做法，有些也融合了西式的烘焙技巧和呈现方式。我们在此基础上的选材和用料都是应季新鲜和天然纯净的,更贴近现代社会消费者对"健康"的需求。社会发展,时代进步,市场交流增多,各式各样的点心层出不穷,人们对吃食的要求也在提高,我们在创作时需要多关注一下食客的需求进行改良,保证甜品口感质量的同时,在创作的过程中赋予甜点概念,让食客能感受到我们想要传达的心意。

问:对您来说,什么是现代中式蔬食甜点?您如何评估自己现在所处的阶段,以及往哪些方向探索?

现代中式蔬食甜点,是在中式传统糕点的烘焙过程中融入了一些蔬食的概念,大多数有机种植的蔬食都是可持续的,因此蔬食才被称为可持续食材。制作绿色、健康、环保、可持续的蔬食甜品,首先要选用当季最新鲜的食材,优先选用当地的自然农耕、超有机、有机、绿色天然食材与时令食材,尊重自然生态规律,讲究不时不食,在保证食材的同时也减少了在运输过程中增加的碳排放对空气质量、土壤环境、水资源等造成的破坏。出品上需采用健康烹调方式,秉持低油、低脂、低糖、低热量、无化学添加、无色素的制作原则。

现在我还处于提升的阶段,为呈现出环保、健康与美味兼具的甜点,餐具的选用、颜色的组合、口感的提升、味道的层次、视觉的美感、营养的搭配、客人食用时的愉悦感受都要考虑,让每一位食客都能感受到我们心中想传递的爱与美好,从而让更多人喜欢和选择蔬食,这些都是我要不断探索的方向。

问:您的切入点和专注的细分方向是?

我创作甜点的切入点一直是以蔬食为基础的,寻找有机的、纯净没有污染的食材,依二十四节气的自然规律选材,注意营养均衡搭配,去调配适宜的甜品口味,应该搭配的口感,是酥脆还是软糯,是蓬松还是紧实,我都会一一尝试。正如我所描述的,我坚持中西合璧的甜点制作方向,希望把中式点心做得像西点一样精致可口、美轮美奂,再将西点的摆盘装饰与食品营养科学融合到一起,在造型和制作方法中找到平衡，让味道富有层次感，通过烘焙艺术来传播、推广护生蔬食理念及绿色有机的生活方式。

问：您认为有哪些值得借鉴的国家或主厨？

在创作过程中，我会借鉴法式甜点的制作方法和英式下午茶的呈现技巧，将中国传统的甜点口味与之融合；在思路创新上，我会比较关注 Cédric Grolet（他被公认为当今世界最佳甜点师之一，在中国的粉丝喜欢称他为"水果哥"）的作品，因为他将食物科学和烹饪艺术灵活运用与结合起来。我想，在未来的创作中，我也可能会尝试更多的突破。

❖ 蔬食甜点的未来 ❖

加拿大之所以被称为全球最友好的国家之一，其中一个原因是它对人与事具有极高的宽容与接纳度，包括蔬食主义者。近些年才在全球流行的蔬食生活，很早在加拿大就有迹可循。以前尹莲在加拿大生活的时候，已经感觉大众对蔬食生活是很喜欢和推崇的，而蔬食主义者的比例也比较高。而且，餐厅对蔬食主义者也是很友好的姿态，因为它们菜单上基本上都会有几道纯素的菜品供选择。

与加拿大相比，同时期的中国内地餐厅对蔬食菜品的关注就比较有限。在近几年，这种情况有所改善，尹莲认为自己资历尚浅，对国内外的蔬食生活发展趋势还没有很深的见解。但她也看到，这些年受到社会蔬食行业环境友好的积极影响，国外已经有顶级餐厅陆续推出全蔬食套餐或转型为蔬食餐厅，比如纽约的 Eleven Madison Park。国内的话，也看到少数餐厅有这样的想法和行动。因此，需要给予蔬食多一点的耐心和时间，只要有推动可持续绿色餐饮的恒心，相信蔬食甜点可以获得更多人的理解与喜爱。

蔬食是对环境友善的饮食方式，是规律，是未来的发展趋势，也是人类最终所向往的，尽管目前蔬食点心还未达到广阔的运用，选用绿色食材推动可持续餐饮的发展已成为行业内共同的进步趋势。

"蔬食传递的是爱，所以我感受到的永远是欢喜。在食素的过程中，这种健康环保的蔬食饮食方式也在逐渐地影响着我身边的人，他们也开始关注蔬食对环境的影响、关注健康绿色的膳食搭配，现在我还可以通过甜品烹饪，将更多有关自然的美好传递给更多的人，这才是最重要的。"

◆ 布蕾糖稀 ◆

中国著名文学《红楼梦》里的糖蒸酥酪指的就是奶酪，西方也有经典的甜点——法式布蕾，此作品是中西经典的完美融合。

布蕾糖稀（6人份）

（一）桂花酒酿焦糖

食材

酒酿水 30 克

冰糖 50 克

干桂花 3 克

制作方法

1. 酒酿水倒入锅煮开，放入干桂花，关火封保鲜膜焖 10 分钟，过筛，汁备用。
2. 冰糖磨成粉状备用。
3. 将冰糖粉低火化开熬至焦糖色，加入桂花酒酿汁，搅拌均匀，倒入布蕾模具冷冻即可。

（二）布蕾主体

食材

干桂花 2 克

淡奶油 50 克

蛋黄 45 克

蛋白 15 克

冰糖 10 克

牛奶 80 克

制作方法

（1）蛋黄、蛋白搅拌均匀备用。

（2）冰糖、牛奶、淡奶油加热后加入干桂花封上保鲜膜焖 10 分钟。

（3）将步骤（2）过滤的汁冲入步骤（1）得到的蛋液中搅拌均匀，过筛备用。

（4）将步骤（3）得到的材料倒入之前备好的布蕾具中，隔水烘烤 160℃ 1 个小时即可。

（三）装饰糖罩

食材

艾素糖 100 克

制作方法

（1）艾素糖放入锅中，中火化开。

（2）保鲜膜封在一个口比较大的碗上，倒上化开的艾素糖，放凉5秒，使用镂空圆形蛋糕圈放在艾素糖正上方慢慢往下压（越慢越好，出来的糖罩会越圆）。艾素糖的温度会使保鲜膜热胀然后鼓起来，压到想要的高度之后不要松开等待凉透定型。

（3）去除蛋糕模具，糖罩从保鲜膜上脱去即可使用。

（四）装饰糖片

> 食材

白砂糖 125 克
葡萄糖浆 50 克

> 制作方法

（1）白砂糖和葡萄糖熬化至 145℃。

（2）倒在硅胶不透气不沾垫上放凉透。

（3）取下掰碎放入乐伯特料理机里面打成粉末状。

（4）取出，粉末使用筛子均匀洒在硅胶不透气不沾垫上（形状按照自己的喜好选择模具）。

（5）放入烤箱烘烤 200℃ 1—3 分钟至接近透明。

（6）放凉即可使用（小贴士：糖片需趁热从垫子上取下不容易碎）。

（五）组装

（1）把布蕾冷藏一晚。

（2）周边用牙签刮一遍，倒扣脱模，装饰。

（3）布蕾模具使用之前可将少许的食用油涂抹在模具边缘，这样布蕾更容易脱模。

冬妮：
甜点的共情，是回应风土给予的浪漫

对多元文化心怀接纳与敬畏，
冬妮很快就领悟到，共情在甜点里的意义；
延续从法国对风土和风味的理念，
2021 年 3 月，她和搭档 Jonathan 加入当时新开不久的现代法国料理餐厅 Rêver · 玥。
同年，餐厅获得广州米其林指南一星餐厅的荣誉。
2023 年 8 月，她告别 Rêver · 玥，开启了在澳门米其林二星餐厅 Alain Ducasse at Morpheus 的新旅程。

◆ 快乐的人 ◆

"我是一个快乐的人。"听到这句话的时候,我停顿了一下。从前,朋友们在做自我评价时,他们喜欢用积极、主动、聪明、有趣这一类的形容词,但我印象中还没有人用快乐。因此,当冬妮脱口而出时,我感到有点小惊讶。看似简单而直接的一个词,很多人终其一生也未必能获得这种感知;而像冬妮那样能感受到快乐的人,是幸运的。并不是说他们有顺遂的人生,而是他们用一颗未被雕琢的心和豁达的态度,去面对生活的给予,然后随时准备爱,无论是对自己、他人,还是世界。

传递,是快乐的意义。冬妮说,因为自己是一个很快乐的人,她在制作甜点的时候,感受到很深的快乐,所以也很想把这种感受分享给其他人。甜点本身就是一个快乐的符号,因为在聚会、生日、约会、结婚等各种充满喜庆和愉悦的时刻,基本上都会出现甜点的身影,似乎说明了甜点的诞生就是为了表达甜蜜。于是,冬妮选择了成为一名甜点师。

跟其他一些中途才换跑道的女厨师一样,冬妮也是20岁出头才发现自己对甜品的热爱。此前尽管知道妈妈热爱下厨,她上学也会带着妈妈准备的早餐去上课,可当时的她把"吃得好"看作是一件自然的事情,她自己下厨的热情并没有被激发。再加上她在中国应试教育下成长,并且受到父母的影响,进入大学时报读了人力资源管理专业,结果证明自己并不适合。

一台烤箱,成为命运的转折点。读大学的时候,冬妮参加了几节甜点课程,也得以有理由去买烤箱。当她自己在练习制作甜点时,发现整个过程自己都异常地专注,并且享受其中。有一次,她在网上看到一些跟烹饪学校相关的信息,那一瞬间她问自己:"为什么不把它发展成为职业？"于是在 2015 年大学刚毕业两个月后，冬妮就出发到法国巴黎费朗迪厨艺学院（Ferrandi Paris），学习正统的法式甜点。

◆ 创作让人能共情的甜蜜 ◆

（一）第一阶段：学习与模仿

在烹饪学院读完一年的课程后，就开始了为期六个月的实习时间。那一届学生中，冬妮是最晚一个找到实习去处的。一开始，她因为当时法语还不够熟练，被一家甜点名店拒之门外；又因为在被要求试工的几天里遭遇到歧视。或许是好事多磨，直到毕业旅行时，

冬妮听到隔壁班同学说 Yann Couvreur 一次性招了三个实习生。带着一线希望的心态，冬妮问同学拿到了联系方式，很快就打了电话过去问是否还需要实习生。"要的，你过来。"冬妮听到电话里头这么说，第二天她就带着实习合同直接过去。

因为是新店，所以实习生需要承担很多正式工的工作。那时她每天的工作时长大都超过 10 个小时，有时候离开的时候发现，地铁已经停运了。即使非常辛苦，但内心的兴奋盖过了一切，对冬妮来说，在厨房工作，就像在跳舞，每天进步一点点，慢慢寻找到一种适合自己的节奏，当找到让自己舒服的状态，舞步就会变得流畅了。她还记得当时的一位副厨，某天他正在做面团，看着他揉面团一高一低、一快一慢的节奏，不偏不倚，冬妮觉得很有意思。

有了在名店实习的经历，冬妮之后的路就顺畅很多。继续在不同的店工作后，她经朋友推荐进入了巴黎的香格里拉酒店工作。那是一份她梦寐以求的工作，因为在法国宫殿级别的地方工作，代表着可以与更优秀和专业的人共事。跟预期一样，或者说远超过期待，冬妮进入了快速成长的阶段。虽然多数不见得是罕见的事情，但对于行内人来说，细节决定一切。即使现在回忆起来，冬妮依然深觉兴奋。说起餐厅的下午茶，她说餐厅真的是用当季的新鲜水果来做，而不是先把它放在冰箱里储存好，而且每件餐具都很讲究；那里的服务员，永远都看不到他们脸上有任何的情绪，他们总是彬彬有礼，礼貌地跟每位客人打招呼。还有一个让她觉得很棒的事情是，是第一次近距离接触高级餐厅。那会和米其林二星餐厅的团队同在一个厨房工作，她除了要完成甜品部的出品工作外，还会帮餐厅准备一些出品，包括周末早午餐的出品。每天从白天到晚上，看着他们在研究各种不同的食材、创作风格、表现手法、工作状态，包括很多需要靠即兴发挥的点，冬妮感受到高级餐饮的魅力。

每天从忙碌的工作里获得的充实和快乐感，冬妮觉得足够支撑她成长；虽然她渴望能按下快进键，但她知道不能着急，当时的她也不过是学了几年，甜品创作有很强的模仿痕迹，用她自己的话来说，就是："我就像一个导航地图，都还没有画清楚前面的路怎么走，那系统又怎么可以进入导航？"这种自知，让她沉下心去打好基本功。

（二）第二阶段：食谱，不是最重要的

工作合同即将到期，当时带着冬妮的同事说，自己一位很要好的朋友在澳门正在找甜点师，问她有没有兴趣去澳门工作。那一瞬间，冬妮没有任何想法，也无法决定。等到了冬妮的最后一个工作日，同事递给了她一张纸条，说上面写着在澳门工作的朋友的电话号码。离开香格里拉后，冬妮的短期计划是待在法国，继续学习也是不错的选择。有一天，她收到了那位在澳门的 The Tasting Room（现已歇业）工作的主厨发来的信息，邀请她加入他的团队。

了解之后，冬妮觉得是一个非常棒的机会，于是就决定离开法国，前往澳门，那是 2017 年。相比于离开法国的不舍，她更为能遇到一个好的机遇感到兴奋。在澳门的工作，冬妮感觉像是法国厨房的一个延伸，没有太大的变化，但在新的地方，她又有机会学更多的知识。

在澳门工作了一段时间，冬妮发现进口食材的品质非常不稳定。每次从法国发过来的食材，这次的可能质地会比较柔软，下次的可能会很生硬；有时会很新鲜，有时又快要蔫掉。冬妮开始思考，是不是随着自己工作经验的增加，对烹饪有了更多基础性的认识？

除了原材料之外，她慢慢发现就算是相同一个配方，在不同的地方制作出来的成品，其质感和味道是有差别的。其中让她深有体

会的是一道意式甜点芭巴（Baba），当时她在做糖浆的时候，同事过来说，餐厅每个人在做这道甜品时，都是采用名厨阿兰·杜卡斯（Alain Ducasse）的食谱，原因是他被认为是第一个把芭巴带进高级餐厅里的厨师，所以后来者多是沿用同一个配方。尽管这样，但由于每位厨师的技术和经验、所处的地区、所用的食材等都不一样，所以所有人做出来的芭巴都有区别。问题在于，自己希望最后呈现一个怎样的最佳状态？

（三）第三阶段：赋予食材价值

冬妮的第二个发现是关于亚洲人的味蕾偏好。很多到餐厅用餐的亚洲客人，都传递出一个信息，是他们普遍对甜品的甜度、酸度和温度很敏感。因为当时整个厨房的同事，都是法式烹饪出身的，对法式味道是有自己坚持的，而且有些同事也无法理解客人不嗜甜的原因，所以在这个问题上，厨房也曾做过取舍。

"我恍然大悟，觉得我们不可以太过于坚持在学校和书本上学到的一些理论知识，如果选择一味去相信，在处理实际问题时就很容易偏离现实，且当我们心怀'真理一样'的初衷尝试去说服对方时，或许会得到适得其反的结果。

"我认同一方水土养一方人这句俗话，也相信每个人在口味上存在差异，所以我有了新的理解，就是要创作能够和当地饮食文化产生共情的甜点。要达到这种状态，首先要认识当地的食材。为此，我也为自己的烹饪理念构建了雏形：在顺应当地自然时令变化，关注食材本身特质，以及不浪费食材的前提下，运用合适的表现方法，赋予食材以价值，最后得到一种能与当地客人交流的全新方式，让他们油然而生一种熟悉而惊喜的幸福感。"

◆ 解开本土食材的奥秘 ◆

　　澳门，可以说是冬妮烹饪理念的启蒙地。不过由于当时的 The Tasting Room 是一家主打现代法式料理（Modern French Cuisine）的餐厅，因此几乎所有的食材都是空运的，尽管因为国际货运航班多数先经停香港，隔天再抵达澳门，会让食材的新鲜度大打折扣，但食材本身的风味是好的，所以对出品并没有造成影响。因此，那时对当地食材的使用非常少。

　　深圳，为她打开了实践理念的大门。某日，她突然很想做个芭巴，于是她挑选了一些当地产的新鲜水果，但做完后她发现味道的浓郁度降低了很多。冬妮想解开疑惑，就决定对水果品类进行测试，最后她找到的答案是，在本地种植的很多蔬果品类，它们自身所应该有的风味，会出现不同程度的减弱。从此，她更加肯定，即使是同一个配方，最后的创作出品会出现巨大的差别。

　　缺乏优质的食材，唯有想办法解决。冬妮在与不同的人进行交流的时候发现：当她把草莓跟罗勒搭配在一起时，那时在国内的市场，可能有不少客人无法理解；可是，当她向对方提到金橘，或者准备做一个用到芒果、西柚和椰子的甜点，他们就会本能似的跟你说，这些水果会让他们联想起某些特定的食物和回忆。

　　由于在国内获取风味和国外一致的食材有难度，冬妮把焦点放到本土食材，创作会让客人因本土食材产生共情的甜蜜的甜点。随着时间的推进，自己创作的甜点越来越多，听到的反馈声音也随之增加，让她一边修正，一边积累。

主打现代法式料理的 Rêver·玥，为冬妮提供了自由而充分的创作条件和空间，让她心无旁骛地把其理念带到餐厅，这也是她目前阶段想要实现的一件事。她希望自己的出品，让人吃起来觉得舒服之外，还能带去共情。

越能共情，对本土食材及饮食文化的演绎能力就越好。鸳鸯，是其中一道让冬妮自己感到非常惊喜的甜点。这是她为 2022 年的初夏菜单设计的一道甜点，根据餐厅的介绍："甜品的灵感来自广东特色饮品——鸳鸯奶茶，以经典的法式甜品 profiteroles（泡芙）来呈现。三颗巧克力小泡芙内分别酿入了以英德著名的英红九号红茶做成红茶奶油、以云南普洱咖啡豆经过 48 小时冷萃而成的咖啡冰激凌和咖啡奶油，泡芙上撒上少许咖啡碎和黑巧克力，最后淋上以白巧克力和英红九号红茶做成的热汁酱，就像喝着广东奶茶。品尝鸳鸯味道的法式甜点，一冷一热的饮食文化碰撞。"

冬妮说，当时是怀着用本土食材来诠释鸳鸯的心，于是找到了英德的红茶和云南普洱咖啡豆。因为其实本土食材的品质显得参差不齐，所以她更多是抱着试一试的态度，不过创作完成后的成品让她感到非常惊喜，她觉得英红九号红茶和云南普洱咖啡豆的融合表现出了极佳的品质，而极佳的品质并不是说食材有多贵，还是有多难获得，而是说在一个很合适的时间点，将不同的食材组合在一起，最后得到了迷人细腻的风味。这让她相信，这才是运用本土食材来演绎本土文化的甜点的体现和标准。

◈ **个人擅长** ◈

每次看冬妮在社交媒体上发的作品，我都有这样一种印象：色彩搭配鲜明且和谐，表现形式相当多变。出于好奇，我问冬妮是怎么看待自己的擅长之处。

活泼的冬妮，也很谦虚实诚。一方面，她认为自己没有特别擅长的地方，只是抱着不断学习和尝试的心态，把每一个创作当成是一种挑战；另一方面，她所理解的擅长，代表着一种模式，会让人陷在其中，但喜欢多变的冬妮，从食材到烹饪手法，追求的是突破，这让她觉得这个领域太大了，从而无法定义擅长之处。

"但我相信，每位厨师的创作都有自己的特点，这是互相不可替代的。"我想，冬妮也不例外。

"我觉得是一个味道的组合吧。不能说出品有多么地标新立异，但我觉得大部分的出品让人吃起来感觉很舒服。比如说：芝麻和客家黄酒、草莓、罗勒、薄荷和青梅酒，南北杏和杏仁，琵琶和罗汉果。"冬妮说，可能这些组合的食材也是很常见的，但是她总有办法往里添色。

"为什么是组合呢？"

"文化。我是广东河源客家人，所以对本土的食材碰撞有本能的认知，当我想要创作一款经典法式甜点时，就很自然地把它和本土文化连接起来。记得在为 2021 年初夏菜单设计甜点时，我想到了法国的传统甜点 Vacherin。广州五六月份的天气，炎热中透着清爽，让我想到了青苹果和马蹄，我觉得不会有法国人会用到马蹄，但我们广东人从小到大就知道马蹄爽好喝；又因为我自己很喜欢花茶，所以我想到了茉莉花茶。最后，甜品的呈现是，在一层松脆的蛋白霜上撒上茉莉花茶，加上茉莉奶油、青苹果粒、以青苹果和匈牙利著名的 Tokaji 甜酒做成的雪芭，再铺上青柠啫喱。同时还有马蹄粒、马蹄茉莉雪芭及马蹄蓉，搭配新鲜的梨肉，带来不同层次的酸、甜和爽脆质感。"组合，某种程度上来自对多样文化的碰撞，冬妮说再加上因为搭档 Jonathan 是墨西哥人，让创作出现更多的可能性。

"您是对不同文化拥有非常强大好奇心的人吗？"

"对。语言，我觉得它是打开不同文化的钥匙。在面对一件事情的时候，如果你习得的语言越多，你就更懂得用不同的方式去解读。"

"您的创作风格和个人性格是如何产生联系的？"

"因为我个人喜欢条理井然，所以在创作上，我是不会选用一些只是为了烘托而无必要的食材，所以无论是从出品的造型，还是食材的搭配，都透露出直接明了的气质。"

"在日常生活中，您是不是一个喜欢干净的性格？"

"应该是吧。我会比较实在一点,如果是觉得没有必要的东西,我就会选择不要。如果可以让我同时拥有很多东西,我会觉得能拥有一样就可以,第二样也不怎么需要了。"

"其他特点呢,还有吗?"

"色彩搭配。相对于色彩斑斓,我更喜欢色彩的搭配是处于同一个色系的。所以我的出品通常也是这样的搭配,视觉效果是简洁中有点亮之处,让人感觉舒服。"

❖ 相互成就 ❖

2022年2月,为了情人节的选题,我为《米其林指南》写了一篇标题为《湾区厨房里的爱情,书写场外一封封"情书"》的文章,冬妮和Jonathan分享了一些关于他俩在工作和生活上的相互支持。以下是(未经修改版本)的截取片段。

顾不上自己的情人节,一如往常。在一起工作快五年的时间,厨房是冬妮和Jonathan(以下简称Jon)在情人节里不言而喻的默契。比平常多了些紧凑,但俩人合拍的节奏,恰好唱和着场外的人间温柔与热闹。

"如果有选择,你们还想要一起工作吗?"我有点好奇。

"能一起工作,我觉得我俩非常幸运;已经五年了,是合作无间吧。"平日里常挂着甜美笑脸的冬妮,那一刻多了些认真。

当餐厅真心想邀请俩人加入Rêver·玥那会,俩人对要在一起工作的信念很坚定。一家餐厅配置两位甜点主厨,是有压力的。但餐厅也很清楚,如果无法满足这个要求,那结果只能是同时错过了。后来,反倒是餐厅从俩人身上学到,专业与甜甜的爱,画成了一个圆。人家说 1 + 1 = 2,可真的不是,它可以变成 5、6、7、8。

◆ 厨房内外，最佳搭档 ◆

"很多时候，我们并不需要和对方细聊，就已经知道彼此会创作双方都满意的出品。并不是说，我俩很厉害，而是我们因为彼此变得更完整，也希望能帮助对方完成一个又一个不可能。记得我刚刚认识 Jon 的时候，就知道他读过很多和专业相关的书，而且有很多非常疯狂的想法想分享。我们俩只要在一起工作，就能确保有很好的创作和出品，我俩是队友，组成一个强大的团队。"冬妮自述。

"但每天上班下班都待在一起，不会有很多争吵吗？"最终，我还是问了有点不合时宜的问题。

"真的没有。即使很多人都会这么觉得，但我很开心，因为我俩在为这段健康的关系努力。当然，在现实生活中不只有甜蜜满分的巧克力和蛋糕，我们每天都得做甜点，所以也算，"冬妮打趣地说。"因为当你选择伴侣的时候，你是选择一个可以跟你成为队友的人。无论发生好的还是坏的，我们相互理解、支持。我不是最好的，她也不是，但我们让彼此变成更好的人。我们在一起工作五年了，总归是找到让自己和别人都舒服的方法。"Jon 补充。

"如果我们吵架了，他还气在上头，我就不去跟他聊天，五分钟后他自己就好了。"冬妮特别坦诚。

◆ 城市、四季、风物与灵感 ◆

冬妮说的幸运，我想那是俩人对工作、爱情与生活相融的追求，有同频的感受。这样的磁场，想藏也藏不住，倒带回当时在澳门刚认识那会，餐厅经理总爱把俩人的休息日安排在同一天，于是顺理成章让这一天成了二人的约会日。

后来，故事从深圳延续到了广州。厨房之外的 Jon，喜欢骑上心爱的摩托车，载着冬妮，还不忘带上无人机，从城东跑到城西，不过最爱的，还是猎德大桥（沿边）。它连接着餐厅和家，快步或漫步都有心境，而珠江广阔绵延的水域，常为俩人带来创作灵感。"当我们在构思创作时，总是很自然会联想到猎德大桥的一切，包括桥下那些正缓缓驶过或停泊的游船，以及两岸或高或低的人行通道等。"冬妮说，他们喜欢每天这么观察着，看着相似却是春夏秋冬皆有景致和韵味的珠江。

◆ 甜点上场，压轴好戏才揭幕 ◆

甜点的魅力被低估，并非新鲜事。不过按餐厅的理解，一顿饭是从面包开始，以甜点结束，好头好尾，才能为客人创造美好的用餐体验及回忆。自从餐厅有了他俩，食客固有的认知逐渐被打破，也开始期待甜点上场，因为俩人的创作与前面的料理一样，追求层次、碰撞、平衡，还有丰富饱满的风味。

"我们希望客人来餐厅，有一部分是留给甜点。"冬妮笑得很开心，连眼睛都眯了起来。

如果不是 Jon，冬妮觉得自己或许需要更长的时间，才能找到正确的方向。首先，是创作的初衷。一个甜品，并不是说从完成度上达到完美就可以了，而是说要让吃的人有发自内心的喜欢和欣赏。其次，就是工作态度。每一位专业的甜品主厨，他们不管从食材、概念、风格、技术，还是成品，整个过程肯定是一种负责任的创作。

俩人相似的个性与不同的文化，相互成就彼此。同事们常常开玩笑，说他俩一个是中国人，一个是墨西哥人，但交流的语言是法语。这在外人看来或许有点不可思议、无关痛痒的差异，对他俩来说，却有着非常重要的意义。因为他俩学的都是法式烹饪，而且来自不同的文化，所以在创作上既能想得很宽，却也可以达成一致。

有一次，俩人要用巧克力创作甜点，俩人因各自有独立的想法而产生冲突，但并没有出现任何一方选择妥协的局面，也不是把俩人的想法叠加在一起，而是通过采纳俩人各自的想法，然后培育出一种更好的新形式，最后让双方都能接受。

2023年1月，正逢农历新年期间，我再次见到冬妮，她说了更多俩人同行的点滴和意义。"其实我俩有一个共同的想法，就是我们都觉得如果我们没有了彼此，应该很难坚持到现在，或者说是选择其他的方向。"冬妮回忆起在加入Rêver·玥之前的经历，有一段很短暂的时间，他俩经营起了烘焙工作室，为本地的咖啡店供应可颂，由于每周一、三和五都要发货，所以她几乎每天都是凌晨两点就得起来制作糕点。"假设没有Jon在，我自己是不会去做这件事情的，"冬妮说，寒冬的夜里很冷，刮起寒风就更让人难受，也没有车可以送她到工作室，而且每个月看着的都是亏本的账簿，感觉得不到认可，"有一种当全世界都觉得我做不好的时候，是他依然认可我的感觉。"

冬妮并不是一个有执念的人，虽然是对创作甜点有执着，但她不拘泥于形式，也会变通。就工作室这件事情来说，她从一开始就可以选择放弃，而坚持要尝试是为了彼此。"某天我们可能会创立自己的店或者生意，而工作室是一个积累经验的机会，即使亏钱，但我们要抓住这个机会去学习。"冬妮的看法是，一个人的话可以是不必要去做，"可这是我们的信念，所以希望把这件事情做好"。

"我俩就是一个团队，我俩是孤独的。"冬妮说着，开始延伸到国内甜点师团队的构建难度问题。她说从她的角度出发，她认为目前在国内，在组建后厨团队时最难找的并不是料理厨师，而是甜点师；即使找到了合适的甜点师，找到默契的队友也是一种挑战。在这样的现实下，甜点师要保持稳定且积极的创作状态，需要很强的自我驱动力。可因为同频的俩人有了彼此，他们可以贡献的就是一个团队能做的事情，且其出品也因相互的鼓励得以日复一日进步。

◆ 趋势：自然、健康的甜点 ◆

在亚洲国家，这些年人们对甜点的态度已经发生了很明显的转变。至少，关于"甜点不单是只有甜"这一点，得到越来越多人的认可。一是由于消费者的需求，二是因为这是甜点主厨在创作上的追求。对此，冬妮也是觉得因为人们生活质量的改善，让他们得以对甜点提出了更高的要求。另外，她认为，全球甜点界为此做了很多的努力。

冬妮刚去巴黎的时候，就听到很多甜点主厨都在推崇减糖（Less Sugar），而且发展到现在，已经看到有些主厨根本不需要用糖。当整个社会对健康、自然、有机等饮食有了更高的需求，就会慢慢意识到，甜点和糖都并不是不健康的食物，而对于必须要添加糖的甜品，主厨们会从甜点的风味上进行更多的考量，通过不同的食材搭配，突出食材自身的风味，从而达到尽可能少地用糖，同时让糖起到一种辅助的作用。例如经典的玛德琳小蛋糕（Madeleine），当时有些主厨就开始尝试降低糖的使用量，然后让大家尝试更多的风味。

在减糖运动中，早期的一批甜点主厨包括 Christophe Michalak 和 Jessica Préalpato，主要用到的方法是使用代糖；后来出现了很多新生代的甜点主厨，他们在延续减糖运动上，有了更多的想法和尝试，除了减少糖的使用，他们觉得更重要的是需要从健康方面进行考虑，比如说减少色素，同时多使用新鲜的水果和花草叶等。冬妮说到自己当年实习的第一个地方。Yann Couvreur 当时跟她说，他店里的出品是不会有通过使用添加剂完成的五颜六色搭配的，他会更加注重用比较新鲜的食材去增加甜点的颜色；另外一位甜点主厨，他在 2016 年的时候也在巴黎开了一家甜品店，当走进里面时，冬妮看到他的出品基本上已经看不到多余的颜色，就只有烘焙过后的自然成色，像黄色、棕色、褐色、巧克力色，以及水果的鲜色。

还有一位不能不提的就是全球知名的 Cédric Grolet，他非常擅长在甜点创作中放入水果元素，除了好看，他也是在追求更加新鲜和时令的甜点。

热带水果

这是冬妮与 Jonathan 为了《2022 年广州米其林指南》发布晚宴而设计的甜品，他俩把它命名为"热带水果"。以流动、延续与演变为理念，演绎法式甜点与岭南饮食传统、历史人文与风土的碰撞与融合。

（一）基底

最底部薄薄一层是热带水果酱汁，它主要是由新鲜芒果、菠萝和百香果制作而成。

热带水果酱（15 克/每份）

食材

水 120 克
新鲜芒果 155 克
新鲜菠萝汁（过滤掉纤维）35 克
百香果（去籽）25 克
砂糖 30 克
果胶 8 克
明胶块（明胶强度为 200 动力）14 克
（注：明胶块由两种成分组成：明胶和水。比例是 1 份明胶比 5 份水。比如 10g 明胶粉，就需要 50g 水制成明胶块。）

> 制作方法

（1）把所有的液体搅拌混合，加热至35℃；均匀倒入混合好的细砂糖和果胶，沸腾离火后放入明胶团搅拌至融化。

（2）快速冷却后，用真空机器把酱汁里的气泡去除干净。

（3）把酱汁均匀摊平至3毫米厚度，冷冻平铺保存；成型后切水滴双尖型，并冷冻待用。

（二）中层

中层是被一层薄薄的白巧克力壳包裹的姜汁奶油，夹层内馅是新鲜热带水果混菠萝果酱。

白巧克力外壳（8克/每份）

> 食材

法芙娜欧帕丽斯白巧克力（33%）100克
可可脂100克

姜汁打发甘纳许（18克/每份）

> 食材

奶油80克
姜汁60克
明胶块14.4克
欧帕丽斯白巧克力（33%）72克
奶油185克

制作方法

（1）将奶油和姜汁加热至85℃，再加入明胶块和巧克力均质。

（2）往（1）得到的混合物中一边均质一边倒入185克奶油（尽量不要在使用均质机的过程打出气泡）。

（三）上层

上层是一座边缘被香茅马斯卡彭奶油与干燥后带有清新香气的柠檬粉包裹着的水果花园。最内层夹心是新鲜菠萝颗粒混合马达加斯加香草焦糖菠萝酱，顶部以珍珠似的菠萝啫喱、焦糖菠萝啫喱和香草啫喱，新鲜芒果球，水晶苗和黄油脆片等做点缀。

1. 香茅马斯卡彭奶油（12克/份）

食材

奶油 200 克
马斯卡彭芝士 75 克
砂糖 12 克
明胶块 10 克
香茅（剁碎）30 克

制作方法

（1）把奶油加热后，往里加入切碎了的香茅，浸泡约20分钟后，将过滤出香茅的奶油重新称重，补齐损失掉的奶油至200克。

（2）从（1）得到的奶油中取出一半，往里加入砂糖后沸腾离火加入明胶块；再均质倒入剩余另一半奶油与马斯卡彭芝士；整体过筛后，放入冰箱冷藏。

2. 焦糖菠萝啫喱（15 克 / 份）

食材

菠萝汁（过滤纤维）200 克

砂糖 20 克

香草荚 1 根

琼脂粉 4 克

制作方法

（1）先把砂糖煮成焦糖，当开始冒烟时缓慢倒入温热的菠萝汁和香草荚，转小火，焦糖和液体融化一体后静置待用。

（2）待（1）得到的混合物冷却至 40℃，再均匀撒入已经混合了少许细砂糖的琼脂粉（为了不结块），然后煮至沸腾。

（3）把（2）得到的混合物冷却至质地整体变硬，再使用均质机将其均质搅拌，使之整个质感顺滑，光泽无颗粒，最后用细网过滤。

3. 热带水果混合焦糖果酱（12 克 / 份）

食材

新鲜菠萝 30 克

新鲜芒果 30 克

百香果 8 克

焦糖菠萝啫喱 50 克

制作方法

把芒果和菠萝切成工整小方块，加入新鲜带籽熟成的百香果，最后与焦糖菠萝啫喱混合。

4. 杏仁沙布列（10克/每份）

食材

黄油 250 克

红糖 120 克

糖霜 120 克

杏仁粉 150 克

面粉（T55）300 克

盐 3 克

鸡蛋 50 克

柠檬皮 1 片

制作方法

（1）将所有的粉类过筛，后加入黄油搅拌沙化。

（2）再加入鸡蛋、红糖、糖霜、盐、柠檬皮，搅拌至成团即可。

赖思莹:
探索甜点的多变之美

2023 年 7 月 31 日,
是赖思莹(Angela Lai)在米其林三星餐厅态芮 Taïrroir 的最后一个工作日,
也意味着她要与过去将近八年的时光做个告别;
她记得儿时第一次去台湾旅行,就喜欢上了那里,
成为甜点师后,缘分和机遇把她带到了台湾;
古早的文化与丰富的食材,为她打开了一扇门,
2021 年,获得亚洲最佳甜点师奖。

正式结束了在態芮 Taïrroir 的工作后,赖思莹计划先休息一段时间。尽管离开了態芮,但它带给赖思莹的印记将会继续延续下去。在与態芮一起度过的四季里,她见证了餐厅从一家新餐厅到荣誉满载的历程,也看到了自己的实力得到认可的证据。对于人生中重要的一笔,她这样回忆——

2015 年,当昔日工作伙伴何顺凯(Kai Ho,台湾米其林三星餐厅態芮 Taïrroir 的老板兼主厨)向赖思莹发出橄榄枝,她没有过多地犹豫和思考,就答应了。同年年底,她从新加坡搬到了台北,担任態芮的甜点主厨,2016 年,Taïrroir 开业。

台湾虽小,但它大得足够给赖思莹一个拥抱世界的机会。过去的时间,她用新的角度和语言解读台湾甜点,从生疏到找到自己的路径,实现了一个风格的蜕变,简单来说即是追求丰富的口感和风味。我的感受是,她风格的演变过程并不浓烈而跳脱,这跟她外在大大咧咧的 A 面性格有点不一样,而是更像她的 B 面性格:温润和执着。

在梳理线索的时候,我想到了"树"。她从 2008 年至今,一直不停地寻找方向和突破自我,走了很远的路;不过"根基"——想做出不只有甜味的甜点,让不爱吃甜点的人也能欣赏甜点——一直没变。后来她风格(比作"枝干")的逐渐形成,都是围绕这个初衷,而实现这个初心的关键,除了在烹饪学校和不同餐厅的学习外,她从自己的性格和习惯里找到了答案,包括多变和复杂的性格,还有偏爱层次丰富、圆润的质地和风味。

❖ 台湾 ❖

机缘是环环相扣的力量堆叠,少一点也不行。小时候到台湾的旅行,赖思莹留下了念想。在新加坡滨海湾金沙酒店里由名厨 Guy Savoy 打造的同名餐厅工作时,她与何顺凯成为同事。后来因为何顺凯要独立门户，回台北创立自己的餐厅，而她也恰好处于想寻找突破口的时候，所以到台湾这件事，就顺理成章地发生了。

探索台湾风土，是態芮的理念，也有着她转战台湾的期待。可伴随而来的压力，也是每天都需要面对的。开业初期，即使是有团队帮忙，赖思莹也承认当时自己还没找到把在地元素融入经典的法式甜点创作的方法。不过很快她就找到自己的方法，特别是当她跟朋友一起出去觅食，不管是在台北还是去到岛上每个不一样的角落，她都会找到很多灵感之光。

（一）传统与现代

传统与现代的关系，从来不是对立，而是以适合当下的普世审美和需求的方式呈现。因此，越了解传统，才越能先破后立。深谙这个道理，赖思莹很重视原产地文化，她并不会贪图在台北能找到的方便，而放弃追溯食材的本源。它到底是什么，怎么做出来，还有真实的味道是怎么样的，赖思莹都想知道。

"玛吉米糕，它是宜兰当地很传统的糕点，主要是用麻糬跟米糕做成，里面还有绿豆和花生粉，虽然听着是很普通的糕点，现在当地只有一家店在卖。不知道会不会快要失传，但很确定的是，不是每个台湾人都知道这种小吃。我在吃的时候，觉得它非常有意思，因为咬下去有米饭的嚼劲，又闻到绿豆的香气，然后在把它蘸上混有少量盐巴的花生粉时，我会感受到麻糬的柔韧、绿豆的清香和盐巴的咸咸甜甜，产生了微妙的交集。

"那一刻，我特别想要把它研发成一个甜点，跟客人去分享这份属于台湾自己的文化。回到餐厅后，我把米糕的部分分别做成了花生酱和米布丁，然后把麻糬做成绿豆风味的麻糬冰激凌，在上面加上用绿豆粉、盐巴、杏仁去把它做成一个有点像法式焦糖布丁的

213

那种一个概念，然后再搭配上黑芝麻脆片，还有用醋春兰香的茶做成的汁，淡淡的茶香，很清新。"

现在的赖思莹找到一个切入点，就是从台湾本地的文化（可能是日常饮食、经典甜点，也或者是小吃）里捉取一些元素，然后再创作出（让客人在熟悉中感知到惊喜的）甜点。

（二）立体的味道更有趣

在熟悉中追求新鲜感，几乎成了主厨们的共识，而其妙处在于解读方式不一样。创作前做好功课，是赖思莹的习惯，比如说椪饼，她会先去了解它的故事和传统制作方法，然后再去思考可以在哪些地方加入一些法式的元素，让它外表看起来很中式，但吃起来是全新的体验。

"在传统和新之间建立起连接点的秘诀是什么？"我觉得这是了解创作风格的关键。

"我可能会从中找一些熟悉的口感，通常在吃中式甜点时，我本能就会联想到法式甜点，如果发现有在口感上很接近，或者是能产生记忆点的食物与元素，那通常我就找到了灵感的入口。以烧饼做例子，质地偏干和酥脆的烧饼，让我想起法式酥皮，于是就把法式制作酥皮的方法用在了烧饼的创作上。"

对口感的执着，源于她想将甜点变得更有趣。虽然说有些甜点入口即化的感觉也很舒服，不过她更享受那种不同口感和层次带来的碰撞。不敢说是与生俱来的本能，但这确实有受到生活背景和文化影响，因为在新加坡有很多口感丰富的食物，像红豆冰，它们通常外层都是脆脆的冰，而里面是各种有咀嚼感的食物，比如啫喱、红豆。

在新加坡 Guy Savoy 餐厅工作的时候，甜点主厨是法国人，那时他分享，如果甜点有不一样的口感，就会带来不一样的惊喜，最终能让一个简单的甜点，变得更丰盛和灵动。

因为这位甜点主厨，赖思莹找到了在甜点创作中口感的意义，但由于条件受限，地处热带的新加坡，供应最多的食材是水果，所以口感偏单一的水果自然变成了创作的主角，以至于她没有机缘去寻找属于自己的方向。

在处理得巧妙的前提下，口感、层次与味道，是一致的关系；换句话说，当赖思莹对口感有执着时，基本上等同于对味道有追求。到台湾之后，她有了更多尝试的机会，所以在"味道"上就变得更大胆了，也就是在这一点的不停学习中，她觉得自己找到了正确的方向。

以前还在新加坡的时候，咸味和甜味是赖思莹最常用到的，当时对苦味是敬而远之，最多也只敢用茶的苦味；但自从到了中国台湾之后，她像开窍了一样，想停也停不下来，从苦瓜的苦，水果的苦，到蔬菜的苦，她都拿来试一试。

（三）台湾味里的新加坡情节

就像传统与现代的关系一样，正是因为有过去，才走到现代。人也一样，无论移居到哪个新的地区，准备开始什么新的生活，他身上或多或少会带着来时路的影子。对此，有的人努力突破和选择遗忘，而有的人拥抱这种相融。

赖思莹属于后者，她在被台湾风土滋养的同时，自己也乐于分享新加坡的点滴。凤梨酥，被默认成是台湾传统的酥点，其实其他亚洲地区也有自己的版本，包括新加坡，只是做法上有点不一样，尤其是会在凤梨酥里加入香料。所以在熊芮的版本，赖思莹除了加入苦茶油外，还会加一点点的豆蔻、八角、肉桂。尽管这些是在制作卤味时常用到的配料，但用在甜点里也可以很和谐。

她常被称为是推广当代甜点台湾味的一个代表，对于这样的认可，她自己的理解是，公众认为她是以一个外国人的身份来探讨中国台湾的文化，借此进行甜点的创作，然后跟所有人分享。她承认这种来自公众的形象没有对错之分，但回到她自己本身，她不想把自己框住，只是希望去理解新加坡外的文化，因为现在是在中国台湾，所以会用在地的风土进行创作。

◆ 结构重组的无限可能性 ◆

以前（包括刚到台湾那会）太习惯于从创作出发，她的方向有点摇摆不定，直到发现自己很擅长解构和重组，才感觉对了。印象中是从第三个菜单开始，她觉得脑中的阀门被打开了。从那时起，她对待传统甜点变得更有耐心，因为她想要把它里外"读"通透，从中找出可以连接创作的节点。

凤梨酥，是一道她自己感到满意的出品。不仅巧妙地解构了台湾一道很经典的甜点，而且能完完全全地把凤梨这种食材表现完整，最后呈现的效果是外表看着很简单，但在口感和风味上是全新的体验。她分享了具体的创作思路。

"法式甜点里有一道甜点，有点像奶油酥饼，它其实是用奶油、鸡蛋（蛋黄液）、白砂糖等做成的一种酥饼，它的制作方法被我运用在凤梨酥的创作上。首先，我用苦茶油来代替奶油，做出酥饼，我把它做得更薄一些；接着，我在酥饼上面抹一层豆蔻油，再把已经切成薄片的凤梨放上去，因为用作围边所以会剩下一些凤梨边角料，于是我就把它制作成果酱，再把新鲜的果酱涂抹在凤梨片上；然后，再往上面挤上一点点用朗姆酒浸渍的葡萄干做成的奶油，继续分别放上凤梨雪芭和风干了的凤梨；最后，在最上面一层铺上一片奶油酥饼。"

赖思莹觉得方向是对的，想继续在解构和重组上寻找突破的可能，以及期待能打消大家对"甜点吃起来很甜很腻"的印象。让甜点变得立体的方法，是多变，这跟她的性格不谋而合。外表看着很严肃、规规矩矩、不友善的她，内心却是很喜欢变化。她的朋友都知道，她活泼得甚至有点轰轰烈烈。

对变化有着高度敏感的她，无疑会解开变化之美，她也确实做到了。所以她觉得，有些人不想去吃甜点，是惯性告诉他们甜点是很甜的；在下定论之前，希望大家可以多试试看，如果真的不喜欢，那另当别论，但不能一概认为，甜点都是甜的。

作为一名甜点主厨，尤其是当自己获奖成为榜样，她更觉得自己有责任去做得更好。除了通过自己微弱的力量去让更多人喜欢吃甜点外，她也期待人们能体会到甜点是一顿饭里完美的句号。

◆ 甜点的可持续 ◆

以前我在做一个关于餐厅在减少食物浪费方面所做的努力,为此我采访了几位来自中国内地、香港及台湾的星级餐厅主厨。其中,一位甜点主厨分享说,在制作甜点的过程中,由于对食材的重量和比例要求精准,从一开始就得计算好,所以几乎不会出现浪费的困扰,可以称得上是后厨的一股清流。

当时我想,或许这位主厨说的是食材的可食用部分,而赖思莹的回答,证实了我之前的猜想。她的观点是,要实现零浪费是非常有挑战性的。大部分情况下,食材的利用率大约是70%,剩下有30%变成食材浪费,因为有些无法被直接使用,比如说凤梨皮,它需要经过混合堆肥技术才能被二次使用。

台湾的回收系统很完善,所以餐厅很早就有减少浪费的意识,把多余食材做成肥料,甚至是发酵,是很平常的事情。不过问题是,当发酵完成之后,依然还是会产生浪费,所以是一件难度很大的事情。但难不等于不可能,随着科技的升级和变革,或许有一天就真的实现了零浪费。

他们的回收系统,是面向全民的。在日常生活中,从电器、家具、药品、水果,到电池,人们都被鼓励将之回收,进行循环使用。

抛开零浪费这个被全球业界讨论的词语,赖思莹本能上就反对浪费,这使得她每天的工作多了一份责任,就是把浪费控制到最低值。虽然知道这样为团队增加了工作量,但她始终觉得是值得的。

◆ 熊芮椪饼 ◆

椪饼这个古法制成的古早味糕点有超过百年历史,原本是神明寿诞的祭祀供品,也是早年妇女坐月子时吃的饼食,现在则成为台南的特色糕点之一。椪饼以白糖、黑糖作为内馅，香气十足，所以又称作香饼，也因圆圆、蓬蓬的外貌，被称为椪饼。

（一）椪饼

1. 椪饼皮

食材

通用面粉 205 克
黑糖 35 克
水 85 克
室温奶油 65 克

制作方法

（1）把所有材料放入搅拌钢盆，将面团勾拌至面团光滑不沾手。
（2）包好并且让面团休息 30 分钟。
（3）分割面团，一个 25 克。搓圆，盖好再让面团休息 15 分钟后就能开始包馅。

2. 椪饼馅

食材

黑糖 120 克
麦芽膏 6 克
水 30 克
熟面粉 60 克

制作方法

（1）把所有材料放入搅拌钢盆，用平面搅拌浆拌匀。

（2）在保鲜膜上抹一点油后把馅包好并且让馅休息1小时。

（3）分割馅，一个15克。搓圆后就能开始包桉饼。

（4）包好后用小擀面棍擀成巴掌大的圆形。

（5）用旋风烤箱170℃烤12分钟（饼摸起来不会太软）

（6）烤好后趁热时用一把小剪刀把底部剪出来。

（7）剪出来的底部放进干燥烤箱干燥一天，之后用食物调理机打成碎状。

（二）姜水冰

食材

姜水 250 克

二砂 25 克

砂糖 10 克

柠檬汁 10 克

慕斯 10 克

制作方法

（1）姜水、糖、二砂、柠檬汁煮到80℃后用冰块冷却。

（2）加入慕斯用均质机均质，拌匀。倒进氮气瓶，冲上氮气。挤在一个二分一的数盆上后冷冻至硬再分成小块。

（三）黑糖珍珠

食材

地瓜粉 110 克

树薯粉 25 克

黑糖 35 克

水 95 克

蜂蜜糖水（蜂蜜 80 克、水 80 克）

> 制作方法

（1）把粉放入搅拌钢盆，倒入煮滚的黑糖水将面团勾拌至面团光滑不沾手，再依个人喜好的大小搓圆。

（2）煮滚一锅水后加入冷冻的珍珠，以中火煮 15 分钟，熄火焖 15 分钟。

（3）煮蜂蜜糖水倒入焖好的珍珠里，再焖 30 个小时。

（四）麻油冰激凌

> 食材

鲜奶 450 克

鲜奶油 80 克

盐 2 克

葡萄糖粉 35 克

糖 30 克

冰激凌稳定剂 2 克

糖 20 克

蛋黄 80 克

麻油 18 克

> 制作方法

（1）蛋黄和 20 克糖放入搅拌钢盆里拌匀。鲜奶油和鲜奶放入锅子里煮到 30℃加入葡萄糖粉，煮到 45℃慢慢拌入混匀的冰激凌稳定剂和糖。煮到80℃后倒入蛋里混匀再回锅，用小火煮到84℃。

（2）煮好过筛网倒进装着麻油的钢盆里。拌匀后用冰块冷却，倒入Pacojet冰磨机的容器里冷冻至硬再使用。

（五）巧克力奶油

食材

法国歌剧巧克力（70%）120克
鲜奶125克
鲜奶油125克
蛋黄60克
糖20克

制作方法

（1）蛋黄和糖放入搅拌钢盆里拌匀。鲜奶油和鲜奶放入小锅子里煮沸腾，倒进拌匀的蛋里拌匀。回锅，用小火煮到84℃。

（2）煮好过筛网倒入装着巧克力的钢盆里。使用均质机均质，拌匀。冷藏隔夜后使用。

小贴士

（1）槟饼皮和馅一定要休息够才会蓬蓬的。

（2）槟饼对湿气也比较敏感，需注意环境湿度。

Keiko：
雪国料理的智慧

2018 年，Keiko Kuwakino 被提拔为 Satoyama Jujo 酒店的行政主厨。

2020 年米其林指南发布《新潟》特别版，Satoyama Jujo 被收录其中；

2022 年 3 月，Satoyama Jujo 在另一权威美食指南——《高勒米罗》(Gault&Millau)中获得 15.5/20 的评分，同时获得风土文化奖项；

2023 年 6 月，Satoyama Jujo 上榜由日本最大的英文媒体集团日本时报（The Japan Times）主办的每年一届 的目的地餐厅名单。

"您喜欢在新潟的生活吗？"我问 Keiko。

她发出了笑声。"坦白讲，一开始并没想过，当时只是希望在一个亲近自然的地方。很凑巧，当时看到杂志上介绍 Satoyama Jujo，觉得它融入自然里特别美，于是就申请了工作。记得第一天到新潟，下着很大很大的雪，因为我在东京长大，即使平常出外旅行也会专门选择海边，并避开寒冷的冬季，所以当时看到漫天的大雪，我心里很难过，也很想离开。但八年过去了，我非常感恩自然给予的一切，这里不只有春夏秋冬，我觉得它几乎每隔五天就换了新的季节。"

"是因为四面环山吗？"

"我想是的，它让我想到了日本传统的七十二物候，也即是七十二节气。但是每个地区因气候、地形、水土等存在差异，所以节气的表现形式也会存在差异。因山区地形形成漫长而寒冷的冬季，它的节气与被海岛环绕的冲绳，必然是有差别的。"

"这么说，您是跟着节气来创作料理吗？"

"是的，也是七十二物候料理。"

❖ 全天然日本料理 ❖

到了 2022 年，转眼间近十年时间即将过去，Keiko 也从对新潟县鱼沼市的一无所知，到现在把它当成第二个故乡。我问 Keiko 这些年她最大的改变是什么时，她觉得很难说明白，但她举了一个例子，每年的开春，看到万物开始苏醒，她几乎都要感动得落泪。特别是经历了长达五六个月的漫长冬季，更能体会那种因季节转换带来的内心触动，好像变得越来越珍惜这样的生活。

大山，让新潟成为大自然的宠儿。它不像繁华便利的东京、大阪等大城市，新潟当地人的生活里有着对大自然的依赖，彼此是一种流动且信任的关系。餐厅创立之初，老板就提出了"全天然日本料理"的理念，一种区别于正统日本料理，一种与当地饮食产生连接，一种无限趋近山、海与大地的料理。

提起日本料理，怀石似乎成了一个代名词。在无处不自然的新潟，Keiko 和她的老板却有一个共识，就是跳出这个条条框框。比如说，日本料理喜欢用到很多浓郁的高汤和调味，而且在制作高汤时，多会选用本土食材，但 Keiko 在制作高汤时，用的是当地的一种小鱼；又比如说，传统上会用到像昆布、味噌、柑橘等进行调味，与之相比，Keiko 更喜欢用一些发酵食物来提升食物的味道。

1. 靠山，吃山与守山

Satoyama 的意思，是指住在山里的人，而山民又在守护着山，这是 Satoyama Jujo 名字的由来，代表了它在山之间，山也是它的组成部分。

每年开春雪融前，人们很难享受来自高山的食材。对食物有讲

225

究的人,他们从夏天就会上山去挖菜。Keiko 也不例外,有点不同的是,她终于又可以恢复每天上山的日程了。说实话,当她告诉我,她几乎每天都要去山里看食材的时候,我是有一点意外的。尤其是当天凌晨,Keiko 还在给我回信息,而在上午 11 点多(日本时间),她跟我说已经去了一趟山里,并采了一捧通红的莓果。"您每天睡几个小时呀?"我虽然知道大多厨师的睡眠时间都比较少,但还是忍不住要问。"五个小时左右吧。"

外人或许很难理解每天上山的行为,但 Keiko 从不觉得是一个负担,哪怕都已经过去八九年时间,现在她对大山依然充满好奇,而且很享受每天到山上的日程。对山,或者说是对大自然的喜爱与依恋,Keiko 也是从未想到过的。

以前的 Keiko,是典型的东京女孩,那时 20 岁出头,她很热衷于参加社交聚会,而且喜欢各种新鲜和时髦的衣物,也喜欢旅行。不过也正是因为对外面的世界怀有好奇,她才有机会遇到转变的契机。大概是在二十四五岁的时候,Keiko 到印度进行了约一年半的旅行,一边旅行,一边学习文化,比如香草、瑜伽、传统医学等。她碰巧遇上了一位传统印度疗法的本地医生,他擅长通过调理身体的方法(跟我们中医的道理有点相似)来让人变得更健康更美丽。抱着对美的期许,Keiko 跟着学习,后来她发现,最好的解药并不是它的疗法,而是健康的生活方式。于是,离开印度后,Keiko 告别了从前的生活方式,转而亲近大自然。

2. 演变三部曲

不一定是山,但因缘际会和里山相遇。毫无预设的一个地方,让本来后厨经验不多的 Keiko 感觉无从下手,即使当时不是担任主厨角色。第一年时,她虽钻进了大山寻找食材,但始终找不到出口。转机出现在次年二月份的深冬时节,Keiko 参加了一场年度盛宴,它

实际上是由一位主业是出租车司机,同时对高山食材怀有长久热情的长者自发组织的,他每年都会在一年中最寒冷的时间,发起一场用冬季高山食材烹饪的料理聚会。

就是在看到满桌的山地食材和食物那一刻,Keiko才突然意识到,原来那片雪地藏着如此多美妙的食材。她请求那位长者,等到开春时就带她去山里,长者应允,而且他说这就是当地料理,但现在慢慢在消失。Keiko终于开窍了,原来此前自己认为那里是一片贫瘠的土地,不要说冬天,连开春之后也很难发现生机盎然的气息,那都是因为她从来没有走近她所在的土地。但是,那场宴会和那位长者,彻底说服了她。

"最好就是每天都到山里看看,"长者提醒Keiko,很多人,包括名厨,都觉得只有春天山上才有最好的食材,但事实上不是的,"每天去山上看它们的变化,了解它们的生长周期,掌握因天气变化带来的影响,向大山学习。"于是,这成了Keiko的第一次转折点,

从此她每天上山,将采到的食材做本地料理。

之后大概有三年时间,Keiko 的专注点放在本地料理,这是她的第一步。她很清楚,只有做出让本地人信服的料理,才说明她悟出了本地料理文化的门道。虽然那时的出品看上去不精致,但她不不介意。

第二步,精致化料理。可能是三四年前吧,Keiko 觉得是时候尝试加入一些现代化烹饪和元素,让出品变得精致起来。经过几年的实践,料理的呈现有了很大的变化。其中一部分原因,得益于她一直在向同行们的学习。只要她有空,她就会跑到国内顶级餐厅,向同行们请教跟现代烹饪相关的专业知识,也会邀请名厨到里山去进行客座,比如在 2020 年 1 月份的时候,她和由名厨小林宽司(Kanji Kobayashi)创立的餐厅 Villa Aida(米其林二星、2024 亚洲 50 佳餐厅榜单中排名第 35 位)在里山十帖进行了为期两天的"四手联弹"。通过这种交流,Keiko 受益匪浅。

的确，Keiko 在现代烹饪上很努力，以求弥补不足。可是，她并不盲从，因为她并不期待把餐厅打造成像在东京、纽约或者巴黎的高级餐厅。

第三步，个性化料理。最近一两年，Keiko 终于走到可以建立自己料理风格的时候了。这种风格，不仅仅是体现她个人的想法，而是同时能表现那片雪国文化的料理。

3. 山的道理

大自然，总是能教给我们一些道理。所以，我也好奇，几乎每天都离不开山的 Keiko，从中领会到什么？"万物皆变，没有什么是永恒不变的。"于是，Keiko 偏爱顺其自然，然后付诸努力。"名厨？不。"她自问自答，然后再次重复，不想设定目标，只是希望能专注当下。

2018 年，Keiko 被委任为主厨。因为职责，她决定把彼时坚持多年的蔬食生活放弃。即使现在回忆起来，Keiko 依然表示，那段时间过得很艰难，但她最终还是做到了，也一直在提升烹肉的技术。之所以会有这样的改变，正是因为 Keiko 认同和接纳随时到来的变化。

有一点没变的是，Keiko 几乎每天都要进山的日程。将近十年的时间，山依然是那些山，她还能有如初见的惊喜和感动吗？答案是肯定的。她从没为此感到厌烦，反倒觉得每天都能感受到变化，不仅是大自然，还包括自己。

4. 储藏食物的传统

提前为冬季储备食物，是新潟人每年的自觉和仪式感，有的人从夏天就开始张罗，有的则习惯拖到晚秋。掌握发酵与储藏食物的方法越多，那么在将近半年的冬季里就越能享受食物带来的幸福感。

懂得接纳自然的规律，自然也会把好的回馈给人类。被大雪覆盖的大地，成了一个天然的冰箱，它与日常用的冰箱完全不同，而是一个保护罩，为食物的生长提供所需的养分。如果是少量的蔬果，很多人喜欢直接藏在雪堆里，储量多的呢，就会专门腾一个窖。等过些日子，蔬果成熟了，特别是根茎类的，味道就更好了。

发酵食物，是雪国教给当地人的智慧。Keiko 说："当地有很多种发酵。"发酵，也是 Keiko 烹饪的一个重要部分。专门用来发酵的房间，平常的储量通常都在 50 种左右，满足餐厅用以调味、提味、制作饮品等的需求。发酵室，是 Keiko 很喜欢的地方，每次走进去，她都会有一种安心。那些正在发酵的食物，微生物的生长使得它们有无限的生命力，Keiko 感受到自然的力量，一种万物遵循自然规律的节奏与美，而这种强烈的感受让 Keiko 保有谦卑和自省的心，这样能让她远离外界的喧嚣和对名利的无限追逐。

对这个雪国来讲，发酵是应对自然的活法，也是一种世代相传的文化；对于全球来说，发酵可以说是一股风潮。那么，随着发酵全球热，会反过来推动新潟或日本的发酵文化吗？

"是，但也不是。说它是，是由于越来越多的餐厅和主厨追随 Noma 风格的发酵，他们为了获得完美的发酵食物，会精准计算发酵时所需的温度、湿度等条件，这样有效的方法，其实是好事。

"说它不是，是因为像在新潟那样的地方，发酵是人们生活的一部分，回应大自然的给予，才是他们的方式。而且，他们知道，冷冽的寒冬为发酵提供了缓慢而稳定的发酵温度和湿度，那样会让微生物按照自己的方式自由生长。因为每年的发酵环境有差异，所以成品也是有各种变化，但反过来说，这就是发酵的魅力呢。有点可惜的是，因为制作发酵需要时间和功夫，离年轻一代的生活有点远，多数年轻人认为，比起自己动手，不如直接从超市和网上购买来得容易。所以，我觉得发酵文化有在一点一点消失中。"

5. 全方位饮食（Holistic Cuisine）

Keiko 在她的社交账号上说，料理烹饪不是独立的创作，而是一种需要把食材、风土、产地、人、建筑等连接起来的概念。当我把它理解成整体料理（Holistic Cuisine）时，Keiko 点头表示同意。当她说出"和谐"一词的时候，我也更明白这种整体的理念：一种尊重自然，并与之和平共处的烹饪。

不过，她烹饪的"野心"，并不仅限于此，而是还试图把当地的文化和艺术展现出来，触及食客的心。这种探索从大约两年前开始，Keiko 从往外求转向内，换句话说，是她觉得建立属于自己料理风格的时机到了。

虽说是个人风格，但也是她内心的使命感在推动她。因为大自然赋予了太多的美，让 Keiko 深感她的烹饪并不单单是为了自己而创作，而是为了把那些存在的、消失的、平凡的、内敛的、被忽略的文化通过料理，让食客认识。"这是一种责任，其实我觉得也有一种自豪感。"Keiko 说道。

◆ 四季山地蔬菜——山菜辛子 ◆

每年从 12 月至次年 4 月,是日本新潟县鱼沼市的雪季,因被鹅毛大雪覆盖,那里成了一个纯白的世界。大约在 8000 到 12000 年前,鱼沼市的祖先就已经居住在这片雪国上。在冰天雪地里生活,人类需要具备足够的生存能力和智慧,经过数代人的不断探索和学习,才创造出古老的技术,包括发酵、干燥保存、雪藏保存,从而形成了独特的雪国饮食文化。

四季山地蔬菜——山菜辛子,主要是由春夏秋冬的四季高山蔬菜制作而成,它是一个体现鱼沼市这个雪国饮食智慧的典型。Keiko 在创作这道料理时,使用了产于春天的山蕨菜、夏季的木天蓼、秋天的核桃,以及冬天的大根萝卜。因为是根据季节和各自的特质进行保存,所以它们在风味和质感上都区别于新鲜蔬菜,而且在相互碰撞时出现新的变化。

食材（四人份）

白芝麻籽 100 克

野生核桃 100 克

大根萝卜（风干）80 克

山地蕨菜（预浸泡且煮好）40 克

木天蓼（盐渍）1 个

朝鲜蓟 100 克

羽衣甘蓝 2 个

白砂糖 2 汤匙

酱油 20 毫升

米醋 20 毫升

日式芥末酱 10 克

制作方法

（1）轻轻将大根萝卜冲洗，放置漏勺中备用。

（2）将木天蓼切片后，放入清水中浸泡30分钟，以便增加其含水量。

（3）将白芝麻籽与核桃混合在一起，经烘烤后放入日式研钵里，接着将之捣碎，直到变成光滑的糊状物，再加入白砂糖、酱油、米醋和日式芥末酱进行调味。

（4）把朝鲜蓟切成一口大小的小块，然后放入油锅中煸炒。

（5）将羽衣甘蓝炒熟，且切成小块状。

（6）取出洗干净的大根萝卜，沥干水分放入油锅中轻轻翻炒。

（7）把准备好的大根萝卜、朝鲜蓟、山地蕨菜、羽衣甘蓝和核桃糊放入一个碗中，并均匀搅拌。

（8）将其移至一个新的碗里，并用木天蓼进行装饰即可。

小贴士

（1）为了更好地保留自制萝卜干的天然鲜味和口感，建议不将其浸泡在水中，只需要轻轻冲洗一下即可。

（2）制作核桃糊时，应该是手握木杵在日式研钵中持续搅拌约1小时，而不是使用电动搅拌机。

（3）因为这道四季料理用到春夏秋冬的食材，需要一整年的准备才能完成，其间需注意妥善保存食材。

233